中文评价本体研究及系统应用

ZHONGWEN PINGJIA BENTI YANJIU
JI XITONG YINGYONG

周红照◎著

四川大学出版社

责任编辑:余　芳
责任校对:周　洁
封面设计:严春艳
责任印制:王　炜

图书在版编目(CIP)数据

中文评价本体研究及系统应用 / 周红照著. —成都：
四川大学出版社，2018.10
ISBN 978-7-5690-2426-5

Ⅰ.①中… Ⅱ.①周… Ⅲ.①汉语－自然语言处理－
研究　Ⅳ.①TP391

中国版本图书馆 CIP 数据核字（2018）第 231708 号

书　名	中文评价本体研究及系统应用

著　　者	周红照
出　　版	四川大学出版社
地　　址	成都市一环路南一段 24 号 (610065)
发　　行	四川大学出版社
书　　号	ISBN 978-7-5690-2426-5
印　　刷	四川盛图彩色印刷有限公司
成品尺寸	170 mm×240 mm
印　　张	13.5
字　　数	162 千字
版　　次	2019 年 1 月第 1 版
印　　次	2019 年 1 月第 1 次印刷
定　　价	58.00 元

◆读者邮购本书,请与本社发行科联系。
　电话:(028)85408408/(028)85401670/
　(028)85408023　邮政编码:610065
◆本社图书如有印装质量问题,请
　寄回出版社调换。
◆网址:http://press.scu.edu.cn

前　言

　　评价分析系统由评价知识本体与问题求解算法两个基本模块组成，中文评价分析在算法方面已经做了大量研究，本体的研究却较为薄弱。本书针对制约中文评价分析发展的 9 个问题（现有情感词典不完全适用于评价分析、词典未登录评价词语识别效果较差、包含评价词语但并不具有评价意义的"伪评价句"的辨别、评价词语虽然与否定词语共现但其褒贬极性并未发生翻转、褒贬评价词语共现句语义焦点的选择、褒贬极性判定外围特征词典收词不足、评价对象与评价词语之间跨越名词／名词短语的远距离搭配、评价词语前后均有名词／名词短语的两难选择、评价对象省略需进行语篇分析跨句查找），对语言本体（词汇特征、句法结构、语义搭配、语篇推进模式）进行深入细致研究，为上述 9 个问题分别制定相应解决策略（区分评价因子与容易与之混淆的概念因子、提出基于话语模的词典未登录评价词语识别机制、提出 4 类评价消解因子、提出否定词语的语义管辖区间以及 4 类否定消解因子、提出褒贬因子共现句"句法结构类型—语义焦点位置分布"对应规律、构建共计包含 343 个词语的褒贬极性判定外围特征词典、构建词汇—句法—语义—语篇知识相融合的评价对象抽取四维语言规则模型）；

将上述本体知识用形式语言表述并用程序实现（96 条规则、29 个语义标记、920 个词条），实验结果表明，本体知识的加入显著提升了系统性能（评价句识别 F1 值提升 10.3% 达到 90%，褒贬极性判定 F1 值提升 11.9% 达到 88%，评价对象抽取 F1 值提升 13.9% 达到 68%）；系统在新闻评论倾向性分析、用户推荐、语言文字舆情监测领域取得了良好的应用实验效果。

目 录

第一章 绪论 ·······················1

    第一节 课题研究的背景及意义 ················3

    第二节 国内外评价研究的历史和现状 ···········5

    第三节 评价本体的概念、功能与构建思路 ········36

    第四节 本书的研究基础及各章节安排 ···········44

第二章 评价句识别研究 ·················47

    第一节 评价因子的概念特征 ················50

    第二节 评价因子的语境特征与自动识别 ·········58

    第三节 评价消解因子语义类型 ··············67

    第四节 本章小结 ·····················77

第三章 褒贬极性判定研究 ···············79

    第一节 否定因子语义管辖范围 ··············83

    第二节 褒贬因子共现句语义焦点分布规律 ········95

    第三节 褒贬极性判定外围特征本体库 ··········103

    第四节 本章小结 ····················107

第四章　评价对象抽取研究 ···109

　第一节　评价对象与评价因子之间跨越名词 / 名词短语的远
　　　　　距离搭配情况 ··115

　第二节　评价因子前后均有名词 / 名词短语的两难选择情
　　　　　况 ···132

　第三节　评价对象省略，需要进行语篇分析、跨句查找的情
　　　　　况 ···154

　第四节　本章小结 ··167

第五章　系统实现与实验 ···171

　第一节　系统实现 ··173

　第二节　实验 ···180

　第三节　本章小结 ··183

第六章　评价分析系统的工程应用 ···································185

　第一节　经济：vivo X9 VS OPPO R9S ·························189

　第二节　文化：#CCTV 朗读者 # ······························191

　第三节　本章小结 ··194

第七章　总结与展望 ···195

　第一节　工作总结 ··197

　第二节　进一步的研究工作 ·······································199

参考文献 ···202

致　谢 ···208

第一章

绪论

第一节　课题研究的背景及意义

评价分析，也称倾向性分析、观点分析、意见挖掘，是最近十年自然语言处理领域研究的热点问题之一，它在竞选预测、商品推荐、舆情监测、文献声誉追踪等诸多领域具有应用价值。在国际计算语言学年会（ACL）、国际人工智能年会（AAAI）、国际计算语言学大会（COLING）、国际万维网大会（WWW）、国际信息与知识管理大会（CIKM）、国际信息检索大会（SIGIR）、国际互联网搜索与数据挖掘大会（WSDM）等著名国际会议上，关于这一问题的研究成果层出不穷。针对评价分析的国际评测也已经展开，2006年由美国国家标准与技术研究院组织召开的第十五届文本检索会议（TREC）最先举办了博客领域的观点检索评测，要求参评系统识别出与指定话题相关且包含评价信息的博客帖子；同样是2006年，日本国立情报学研究所组织召开的第六届信息检索会议（NTCIR）举办了报纸新闻领域的观点分析评测，要求参评系统识别出与指定话题相关的评价句，判断评价句的褒贬极性，抽取观点持有者。2008年中国中文信息学会开始举办专门面向中文的倾向性分析评测（COAE），截至2016年已举办至第八届；2012年中国计算机学会开始举办自然语言处理与中文计算会议（NLPCC），截至2016年已举办至第五届，历届会议都举办了情感分析评测或专题研讨会；2015年，与国际计算语言学年会暨亚洲自然语言处理联合会（ACL‑IJCNLP）同时举办的第八届国际计算语言学协会汉语处理特别兴趣组研讨会（SIGHAN Workshop）组织了"面向既定话题的中文微博观点极性分类"（Topic - Based Chinese Message Polarity Classification）评测竞赛。这些会议评测为评价分析研究提供了基础数据集，促进了各研究方法的公平比较，推动了评价分析研究不断深入发展。

评价分析主要包括评价句识别、褒贬极性判定、评价对象抽取三项基本任务。截至目前，中文句子褒贬极性判定任务的F1值达到80%左右[1]，评价对象抽取任务的F1值在50%左右[2]，情感新词发现任务的F1值为20%左右[3]。从满足现实应用来说，三者的研究水平均有待提高，尤其是后两者。评价分析系统由评价知识本体与问题求解算法两个基本模块组成，当前中文评价分析在求解算法方面已经做了大量研究，点互信息（PMI, Pointwise Mutual Information）、信息检索（IR, Information Retrieval）等统计方法，支持向量机（SVM）、条件随机场（CRF）、卷积神经网络（CNN）等机器学习模型基本都有涉及，而语言本体研究却比较薄弱。评价分析是对具有评价意义的语言的分析，缺乏对语言本体的深入研究，一味地进行统计计算，实践证明难以取得理想效果。"重计算、轻本体"不利于中文评价分析的长远发展，因此本书提出基于评价本体研究构建评价分析系统的处理策略。首先，围绕评价分析的三项基本任务，对语言本体知识（词汇、句法、语义、语篇）进行深入研究，揭示人们表达评价的语言使用规律；然后，对归纳得出的语言规律进行形式化描写与程序实现；最后，将评价分析系统实际应用于解决现实生活中与评价有关的语言问题。

第二节　国内外评价研究的历史和现状

　　人们对"评价"概念的认识不是一蹴而就的，它有一个逐渐被"纯化"的历史过程。从概念逻辑层次的角度看，评价属于语言主观性的下位范畴，即：评价是语言主观性之一种。之所以将主观性用"语言"加以限定，是因为"主观性"（subjectivity）一词在不同的领域具有不同的含义：（1）在哲学领域，它是一个重要的哲学概念，译为"主体性"。从笛卡尔的"我思故我在"，到胡塞尔的"先验自我"，再到海德格尔的"主体间性"，达伽默尔的"诠释学"，关于主体性的讨论从未终止过。（2）在日常话语领域，它通常是一个贬义词，译为"主观"，指一个人的思想或观点带有相对性、片面性。（3）在语言学领域，它是一个语言学术语，译为"主观性"。下面我们主要讨论它的第3种意义。

　　"主观性"是言语的一种基本属性。正如索绪尔（Saussure）所言，现实生活中并没有语言，有的只是属于个人的言语。言语既然是个人的，不论其语义真假，都必然带有个人的主观印记。俗话说"言为心声"，表达何种内容、选择何种方式表达，说话人都要在内心进行一番思考，尽管思考的过程通常不被意识所察觉，但它却实实在在地存在。奥格登和理查兹（Ogden & Richards）的语义三角理论，奥斯汀（Austin）、塞尔（Searle）的言语行为理论，格赖斯（Grice）的合作原则，利奇（Leech）的礼貌原则，兰盖克（Langacker）的认知识解理论，特劳戈特（Traugott）的主观化和语法化理论等，都在一定程度上涉

第一章　绪论

5

及言语的主观性。不过，由于"主观性"这一概念本身就带有主观色彩，它至今仍是一个存有争议的、意义模糊的术语。主观性可以分为情绪、意愿、猜测、判断、请求、询问、假设、想象等不同的下位类型，本书所研究的"评价"就是主观性类型中的一种。

伴随着语言主观性研究的历史演进，评价研究也大致经历了哲学思辨、语言理论、计算应用三个历史阶段。哲学思辨阶段是语言主观性研究的初创阶段，侧重从整体和源头的角度对主观性进行研究，它揭示了语言主观性的必然性，指出"主观性是语言的本质属性""主观性受社会文化语境的制约"，代表人物是本维尼斯特（Benveniste）和伊斯立（Israeli）。语言理论阶段是语言主观性研究的发展阶段，侧重从语言本体的角度对主观性进行研究，它区分了不同类型的主观性以及用来表达主观性的词汇、形态和句法等语言手段，这是主观性研究逐渐细化的阶段，其中有些学者的研究内容已涉及评价，不过此时的评价还是和情感、情绪、情态等概念杂糅在一起的模糊概念，代表人物是莱昂斯(Lyons)、韩礼德(Halliday)和马丁(Martin)。随着社交媒体的兴起和自然语言处理技术的发展，语言主观性的研究视角开始从本体转向应用，主观性自动分析（例如情绪分类、意见挖掘、舆情监测等）成为自然语言处理领域的研究热点，评价分析由于在许多自动分析系统中具有基础性、关键性的地位和作用，持续多年成为热门研究对象。计算应用阶段是语言主观性研究的转型阶段，侧重从满足现实应用和自动化的角度对主观性进行研究，人们对评价概念进行了明确的界定，并基于评价分析这一语言工程的各项任务对评价要素的语法类型和语义关系等特征进行大量研究，以此训练机器学习模型或构建规则库，实现评价句的自动识别和评价要素的自动抽取，代表人物是韦伯（Wiebe）等人。

我们将评价研究划分为哲学思辨期、语言理论研究期、计算应用研究期三个历史阶段，对每一阶段代表人物的基本观点进行简要叙述。本节将围绕评价的概念界定、发展历史、研究成果、中文评价分析研究现状及有待解决的问题四个基本方面展开。

一、哲学思辨期

本维尼斯特（1971）在《语言中的主观性》（"Subjectivity in Language"）[4]一文中最早提出"语言的主观性"。他认为，把语言比作交际工具的说法欠妥，谈及工具是把人和自然（以及人造物）对立起来，而语言是人性所固有的，并非个体创造的。我们已经回不到人和语言相分离的远古时期，也永远见不到人类发明语言的过程，我们在世界上看到的是说话的、相互说话的人，正是语言提供了人的定义。语言的交际功能属于言语行为，而言语只是语言的现实化，所以我们必须在语言中寻找言语能够作为交际工具的资质条件。这一资质条件似乎存在于一种被证据掩盖的几乎察觉不到的语言属性之中，我们尚且只能做到粗略地对它进行描述。

正是在语言中和通过语言，人使自己成为主体。我们所讨论的主观性指的是说话人使自己成为主体的能力。主观性，无论是划归现象学还是心理学，都只能作为语言的一种根本属性而存在。"自我"是说出"自我"的那个人，这就是主观性的基础，主观性是由"人称"的语言状态决定的。自我意识只有在对比时才会出现，即只有在和某人说话时，我才使用"我"，"某人"是我话语中的"你"，正是这种对话语境构成了人称，因为它意味着当轮到某人说话时，他会称呼自己为"我"，而之前的说话人"我"则相应地成了听话人"你"。正是因为每一说话人通过在其话语中称呼自己为"我"来把自己确立为主体，语言才可能存在。正因如此，我假定另一个人，正如他实际存在的那样，是完全外在于我的，他变成了我的回声，我对他说"你"，他对我说"你"。虽然"我—你"是"内部—外部"的对立，但他们也是互补的，离开了一方，另一方将无法想象，同时他们又可以相互转化。主观性的语言基础正是在这种辩证统一的关系中被发现的，不过，主观性的基础必须是语言吗？语言有什么资格奠定主观性的基础？其实，语言无处不深深烙有主观性的印记。例如，所有的人类语言都有人称代词，人称代词不同于其他语言符号，它们既不指称某一概念，也不指称某一特定个体，其他类型的代词也是如此，它们的共同特征是：具体所指只能在其所出现的话语实例中才能确定，即依赖于具体的说话人。主观性还体现在时间性的表达上，无论在何种类型的语言之中，随处可见时间概念（过去时—现在时—将来时）的某种语言形式，时间概念是用动词的曲折形式还是小品词、副词、词汇变体等其他类型的词来标示无关紧要，这只是形式结构的问题，语言总是会通过某种方式对时态（过去时、现在时、将来时）进行区分，而分割线总是"现在"，"现在"作为一个时间指称，仅表示这样一种语言事实：事件和描述事件的话语实例同时发生。"现在时"的时间所指只能是内在于话语的，除了把它当作"某人正在说话的那个时候"，没有别的标准和表达方式来标示"某人当下所在的时间点"。从根本上说，人类的时间性与时间性的语言手段揭示了内在于语言使用中的主观性。所以说，是语言使主观性成为可能，因为它含有适合用来表达主观性的语言形式；话语则使主观性得以呈现，因为它是由离散的实例组成的。

主观性对语言结构有各种各样的影响，无论是形式排列还是语义关系。例如：（1）I feel / I believe（that the weather is going to change）。I feel / I believe 形式完全对称，意义却并不对称：当我说 I feel（that...）时，我在描述我感觉到的印象；当我说 I believe（that...）时，我绝不是在描述我正在相信，思维运作的内容并不是句子的宾语，I believe（that...）相当于一个程度较弱的断言。通过说 I believe（that...），我将主观性的言论转变为客观断言的事实，即 the weather is going to change 是真命题。（2）I reason / reflect 与 I conclude / suppose / presume 两组词看似非常接近，实际却颇为不同。I reason / reflect 描述我正在推理、思考，I conclude / suppose / presume 却不是描述我正在得出结论、猜想、推测。I conclude 表示我已经得出了关于某一给定情况的结论；I suppose / presume 则暗示我对后面的话语内容持有某种不确定的态度。（3）如果考虑某些言语动词人称的改变对意义造成的影响，我们将会对"主观性"有更加清晰的理解。这些言语动词是指具有社交行为意义的动词，例如 swear, promise, guarantee, certify, pledge to, commit（oneself）to，在语言所使用的社交环境中，这些动词所表示的行为被认为是有约束力的。例如，I swear 是一种特殊的价值形式，它将誓言的现实置于说 I 的人身上，这是一种施为话语，在说 I swear 的同时，我实际上正在实施以誓言约束自己的行为，我的誓言的社会、司法等后果从包含 I swear 的话语实例中产生，话语就等同于行为本身。但是这种情形并不是在 swear 这个动词的意义中给定的，而是话语的"主观性"使其成为可能，I swear 是一个承诺，he swears 则仅仅是一个描述（和 he runs， he smokes 处在同一个平面上）。由此可见，依照其主语是第一人称还是第三人称，同一个动词会呈现出不同的价值。

伊斯立（1997）[5] 把"主观性"作为其语言研究的核心概念。她说道："乔姆斯基（Chomsky）认为语言实体源自一套独立于使用的形式规则。与乔姆斯基将说话人视为不受利益和局限性影响的抽象的、理想的实体[6] 相反，许多语言学家一直致力于研究语言中的'人为因素'。""人为因素"至少有两重含义：

第一，语言绝不仅仅是现实世界的直接反映[7]，而是透过概念的棱镜来表征现实。语言概念受文化影响，文化反过来也受语言概念影响。例如，英语数词 13 至 19 的形态模式，形成了 teenager（青少年）这一概念，继而影响英语世界中年轻人内部的社会分层。维尔茨比卡（Wierzbicka）指出："在自然语言中，意义不能按照语言单位与语言外部现实元素之间的关系来定义……自然语言的意义在于人对现实世界的诠释，它是主观的，是人类中心主义的，反映的是占支配地位的文化关切与特定文化的社会互动模式，以及诸如此类的现实世界的客观特征。"[8]维尔茨比卡强调说："每一种语言在其结构之中都包含某种世界观，某种哲学……由于一种语言的句法结构体现和编码某些该语言特有的意义和思维方式，一种语言的语法必然在很大程度上决定这种语言的认知特征。"[9]这种主观性（S1）指的是包含在一种语言及其语法中的关于现实世界的特定识解。

"人为因素"的第二个方面与索绪尔所说的言语有关，也就是言语中的实际表现。伊斯立把第二种主观性（S2）定义为："当语言提供了描述某一给定事实的不同方式时说话人选择的结果，自然，说话人会选择其中的一种方式。S2涉及说话人对叙述的事件或事件参与者的个人判断和态度。"作为个体思维的产物，任何话语都带有一定的主观性成分。S2存在于说话人的评价、信息选择以及信息组织方式之中。

伊斯立不是把主观性当作客观性的对立面来看待，而是就上述两个层面来看语言是主观的。这两种主观性（S1、S2）都源自语言是全民族语言意识的产物这一事实。某一语言的说话人总是通过概念网络来看待外部世界以及他自己内心的感受和状态，阿普列祥（Apresjan）将之称为"朴素的世界观"[10]。伊斯立从两个层面分析了语言中的"人为因素"，并且得出如下结论："S1不依赖于S2（语言可能仅提供单一的方式供说话人描述事物），但S2作为赋予具体说话人的一种选择权，必须根据定义反映对现实的某一方面具有两种或多种可能诠释方式的S1。"

小结 本维尼斯特所做的是哲学主体性与语言主观性的"接口"研究：作为主体的人在实践中表现出的自由性、能动性、意图性等主体性需要借助语言的主观性来完成。语言通过标识主体实践活动发生的时空，提供指称自我和交际对象的手段，表达主

第一章 绪论

体对外部事物及自我内心的情感态度和价值判断，实施具有约束效力的言语行为等方式，使人的主体性在主—主、主—客之间的对话和交往中得以确立和彰显。伊斯立所做的是语言主观性与社会文化的"互动"研究：语言作为某一社会集团全体成员共同约定俗成的产物，该社会的文化传统、价值取向、权力关系等要素必然会"嵌刻"在语言之中，不同的语言实际代表了生活在不同社会文化环境中的民族对客观世界特有的主观解读方式，虽然个体在说话时可以加入自己的观点态度，但终究脱离不了由社会文化所决定的语言系统。

评价作为主观性的一种类型，必然也具有体现说话人的主体性，受社会文化语境制约的特征。虽然本维尼斯特和伊斯立的研究没有明确提出评价，但他们在真值条件语义学占据统治地位的历史背景下能够开辟出主观性意义研究这座后花园，并从哲学、文化的外部视角对主观性做出提纲挈领的论述，无疑开辟了一条语义学研究的新道路，并为后续的主观性研究奠定了基础。人们对事物的认识总要经历一个由模糊到清晰、由抽象到具体的历史过程，随着研究的逐渐深入，总有一天有人会在语言主观性这座花园中发现"评价"这朵含苞待放的鲜花。因此，这一时期的主观性研究可以看作评价研究的潜在萌芽期。

二、语言理论研究期

莱昂斯（1995）在《语义学引论》（*Linguistic Semantics: An Introduction*）[11]一书中，专辟一章讨论言语的主观性（The subjectivity of utterance）。他指出，"主观的"（subjective）一词

在日常英语中通常带有贬义色彩，"主观性"（subjectivity）这一概念直到现在在用英语写成的语义学著作中也没有获得它本该具有的重要地位。主观（subject）包括感知（perception）、认知（cognition）、情感（feeling），主观性（subjectivity）指意识（即感知、认知、情感）主体或行为主体的属性（集合）。言语的主观性（locutionary subjectivity）指言语行为主体在语言使用过程中的自我表达（self‐expression）。由于受经验主义传统影响，英美语言学长期以来存在一种偏见——语言本质上是表达命题思想的工具。因此，他们对语言中的非命题成分置之不理或者贬低其重要性，因为"主观性"在经验主义者的理念中与某种不科学的、无法验证的唯心主义相联系，故而也就带上了贬义色彩。莱昂斯关于言语主观性的基本观点可归纳如下：

（1）"自我表达"不能被简化成命题意义的表达，也应包括主观意义的表达。

（2）言语行为者表达的"自我"，是他过去所扮演的社会角色与人际角色的产物，"自我"以一种社交可识别的方式，显现在说话人在当下话语语境正在扮演的社会角色当中。不存在"单一的"自我（即在所有经验中，尤其是在所有与他人的接触中始终如一的自我），而是"一系列"的自我（人物角色、人格面）。言语的主观性在情境、语体上存在区别，在不同情境、语体中所表达的主观性在程度上也存在着区别。

（3）言语的主观性可以借助说话时的韵律、副语言来表达，未必一定编码在语言系统的词汇或语法结构之中。

（4）"说话人必定是从他们内在世界的角度关涉他们正在描述的现实或非现实世界。"但是，指称、指示、时态、体、语气、情态等方面的主观性问题直到现在也没有获得应有的关注。语言学的语义学，原则上应该包含所有编码在自然语言的词汇和语法结构中的意义，无论它是不是真值条件可分析的。

韩德礼与马西森（Halliday & Matthiessen，2014）合著的《韩礼德功能语法导论》（*Halliday's Introduction to Functional Grammar*）[12]一书中，有关主观性的论述主要有如下内容：

（1）人际元功能。人际元功能指语言用以调节我们与周围人的人际和社会关系的功能。我们使用表达命题或建议的语法小句进行陈述、询问、发出命令、提出建议、表达对交际对象或谈话内容的评价和态度。如果说作为图示表征人类经验、表达概念意义的语法小句是"映射的语言"（language as reflection），具有人际互动性的人际意义则更为积极主动，可谓是"行动的语言"（language as action）。人际意义的表达主要受情景语境中语旨（tenor，指会话参与者的角色关系及其对谈论主题所持的价值观念）因素的影响。

（2）人际意义由词汇语法层的情态评价（modal assessment）系统来实现。归一性（polarity）与情态（modality）是情态评价系统的核心。归一性指肯定（positive）与否定（negative）的对立；情态指介于肯定与否定之间的不确定（indeterminacy）状态，既可以是说话人自己对所说话语性质的判断，也可以是说话人询问听话人对所说话语性质的判断。情态通过语气成分（限定成分、语气附加语）或语法隐喻来实现。情态可分为针对命题的情态——可能性（possibly，probably，certainly）、通常性（sometimes，usually，always）和针对建议的情态——义务（allowed to，supposed to，required to）、意向（willing to，anxious to，determined to）；其他类型的情态评价通过情态附加语（modal adjuncts）来实现，情态附加语包括语气附加语（mood adjuncts）与评论附加语（comment adjuncts）。语气附加语除了可以表达对命题或建议的情态，还可表达时间（already，soon，not yet）或强度（only，almost，totally）情态；评论附加语除了可以表达说话人对命题内容的态度（naturally，surprisingly，evidently，luckily，unfortunately，wisely，foolishly，wrongly），还可表达说话人对言语行为的态度（admittedly，actually，generally，academically，frankly，personally）。

（3）心理过程。心理过程小句（mental clause）诠释的是我们意识世界的经验，它由意识主体（senser）、过程（process）、现象（phenomenon）三个要素构成，即：mental clause=senser+process+phenomenon。senser 由意识主体（人或拟人化的物）充当，phenomenon 由事物、事实或行为充当，process 由下列四类心理动词充当：①感知（perceptive）类，如 see，hear，feel 等；②认知（cognitive）类，如 think，believe，suppose，doubt 等；③意向（desiderative）类，如 want，wish，hope，long for 等；④情感（emotive）类，如 like，love，grieve，fear，dislike，hate，rejoice 等。

马丁和怀特（Martin & White，2005）在《评估语言：英语评价系统》（*The Language of Evaluation : Appraisal in English*）[13]一书中，沿介入（engagement）、态度（attitude）、级差（graduation）三条轴线，对韩礼德系统功能语言学（Systemic Functional Linguistic，简称 SFL）中的人际意义范式进行了拓展和完善，图 1.1 是他们所归纳的英语评价系统概况：

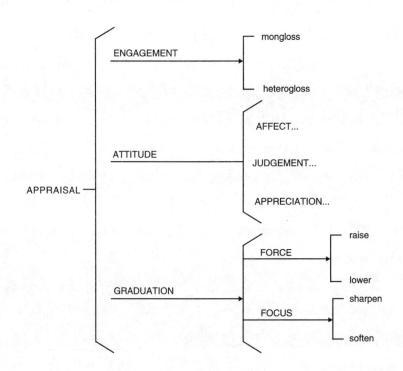

图 1.1 英语评价系统概览

其中，态度（attitude）是评价系统（appraisal）的中心，包括情感（affect）、判断（judgement）、鉴赏（appreciation）三个范畴。情感，指人与生俱来的喜怒哀乐等情绪反应；判断，指依据各种规范准则对人的品质或行为做出的评判；鉴赏，指对事物的魅力程度、性质好坏、结构均衡性与复杂性、价值大小的判断。

小结　语言理论时期的主观性研究从哲学、文化的外部视角回归语言本身，长期被忽略的主观性意义成为语义学研究的重要内容。研究者们区分出感知、认知、情感、意向等不同类型的主观性，分析了英语中用以表达各种主观性的韵律、词汇、形态、句法等语言手段，指出了主观性意义的表达受语境的影响，主观性意义有程度强弱之别等。其中有些学者已开始提到评价，但此时的评价还是一个宽泛模糊的概念，与情绪、情感、情态等概念杂糅在一起，缺乏明确的概念界定以及对评价的构成要素与诸要素之间句法语义关系的具体分析。这是因为在语言理论研究期，学者们主要是从理论探讨而非实践应用的角度来研究主观性，主要着眼于语言宏观理论体系的构建，而非基于解决现实语言生活中的某一具体问题从机器自动分析的角度对评价这一主观性下位类型做深入细致的特征考察与形式化描写。

尽管如此，基于上述几位学者的研究，我们可以归纳出评价具有如下特征：

（1）评价是语言主观性的类型之一，所表达的是一种主观性意义；

（2）评价可以由韵律、形态、词汇、句法或肢体语言等手段体现；

（3）评价在不同的话语语境中有不同的表达方式；

（4）评价表达方式的选择主要由情景语境中的语旨要素决定；

（5）评价实现的是语言的人际元功能；

（6）评价是一种心理过程；

（7）评价不同于表达对命题或建议的不确定性的情态；

（8）评价可以分为判断与鉴赏；

（9）评价有正—负情感极性之分，强—弱情感程度之别；

（10）评价主体可以是说话人，也可以是由说话人转引的他人。

三、计算应用研究期

随着互联网技术的发展，特别是进入 Web2.0 时代之后，博客（Blog）、电子公告板（BBS）、论坛（Forum）、脸书（Facebook）、推特（Twitter）等社交媒体的兴起，用户角色由被动接收信息转变为主动发表观点。过去要想了解人们对某一问题的态度和看法，通常是采用问卷调查或访谈的方法，取样小、成本高、效率低；现在只需在微博上发起一个话题，短时间内便可获得大量的网友评论，新闻网站、购物网站等也大都开辟有用户评论板块。网络上大规模的主观性信息无疑是蕴藏着巨大社会和经济价值的语言资源，而靠人工查找、逐条分析显然不切实际，于是计算语言学（CL）和自然语言处理（NLP）领域的学者开始从机器自动分析的角度涉足语言主观性研究这一领域。

韦伯（2004）[14]认为，主观性语言指的是文本和会话中用来表达内心状态的语言。内心状态是观点、评价、情绪和猜测的统称[15]。主观性这一概念主要包括以下几方面：（1）主观性成分（subjective elements）：文中表达内心状态的语言表达式。通常是词汇，可以是单词（unceasingly, fascinated, complain），也可以是较复杂的表达式（stand in awe, what a NP），还可以是句法、形态手段，例如前置、体的变化等。（2）来源（source）：主观性成分表达的是某一来源的主观性。可以是作者，也可以是文中提到的某个人，后者属于嵌套型来源。例如："The cost of health care is eroding our standard of living and sapping industrial strength,"complains Walter Maher. 其中主观性成分 eroding, sapping, complains 的来源是 Maher，Maher 不是直接和我们说话，而是由作者引述，所以说它是嵌套的，主观性是作者赋予 Maher 的。（3）目标（target）：主观性成分通常有一个目标，即主观性关涉或指向的对象，上例中 Maher 的主观性的目标是 the cost of health care。韦伯指出，当我们从事自然语言处理应用时，面临的一个突出问题是歧义：许多具有主观性用法的词语也具有客观性用法。例如上例中的 sapping，eroding，当它们在自然科学领域中使用时，表示"使……排出汁液""使……风化"，便不具有主观性。因此，自然语言处理系统要想准确判定主观性成分，仅仅依靠查找词典是不够的，必须结合语境进行词、短语、句子的消歧工作。

在自然语言处理领域的各种主观性研究项目中，评价分析的研究最为热门，它在许多自然语言处理系统（竞选预测、影视评论、用户反馈、舆情监测、文献声誉追踪等）中都具有基础性、关键性的地位和作用。评价分析包括三项基本任务：评价句识别、褒贬极性判定、评价对象抽取。下文将围绕评价分析的相关概念与三项基本任务，系统梳理中文评价分析的研究现状，指出当前中文评价分析存在的问题及未来研究方向。

1. 概念界定

倾向性分析、观点分析、意见挖掘，虽然名称各异，研究的却是相同的内容。文献［2］将这一语言主观性的下位类型命名为评价，并对评价句做出如下界定："评价句属于主观句的一种，指含有说话者对事物褒贬、好恶、肯否等倾向性的句子，由评价主体（sub）、评价对象（obj）、评价因子（exp）、成句成分（com）四个元素构成。E（s）={（sub），obj，exp，（com）}，其中，E（s）指评价句，sub 指说话者（有些评价句是转引他人的叙述，这时

sub 指被转引者）；obj 指评价所针对的对象，可以是人物、事物、现象，也可以是动作、行为、活动等；exp 指表明评价主体倾向性的评价因子，包括词、短语、句式三个范畴，exp 在语义上指向 obj；com 指句中除 sub，obj，exp 之外的语言成分，其功能是保证句子合乎语法，以及向听话者提供其他的信息。"作者还对评价句与情绪句这两类易混淆的主观句进行了区分，指出："虽然两者都涉及人的情感，但有着本质的不同：是否对内心情绪之外的客观对象做出倾向性评价。"比较句是一种特殊类型的评价句（属于相对型评价，需要抽取两组评价对象，两组评价对象的倾向极性或相反，或相同），文献［16］基于文献［17］的研究，对比较句做出如下界定："比较句是人们评价两个或两个以上事物之间优劣或异同的一种常用表达方式……作为一个范畴，比较具有四个要素：（1）比较主体，指在相比较的几个事物中，说话人所论述的话题和焦点；（2）比较基准，指对比较主体做出评价时所依据的参照对象；（3）比较点，指比较主体与比较基准进行比较的属性；（4）比较结果，指说话人对比较主体做出的评价。例如，'索尼耳机比苹果耳机音质好'，比较主体是'索尼耳机'，比较基准是'苹果耳机'，比较点是'音质'，比较结果是'好'。在比较句中，比较四要素以比较标记为轴心展开分布，形成如下五元组：$C(s) = <M，(X)，(Y)，(A)，R>$，其中，比较标记 M、比较结果 R 必定出现，而比较主体 X、比较基准 Y、比较点 A 可隐可现，但一般来说，三者中至少出现一个。比较标记的不同以及五元组出现的位置、次序、个数不同，就构成不同的比较句类型。"作者进一步"从比较要素抽取的工程角度出发，将比较句划分为平比、差比、极比三类次范畴"。

上述定义对评价分析的两个最基本概念"评价句""比较句"做出了较为清晰的界定，对概念各组成部分及其关系进行了相应说明，并进行了形式化描写。不过，略有不尽完善之处：（1）评价句构成要素"成句成分"与"评价主体、评价对象、评价因子"三个构成要素相比，名称上不够和谐统一，语义内容上也较为笼统，是否可以改称"评价情景"（包括时间、空间、场景、参照标准等）；（2）比较五元组是分析比较句时需要考虑的核心特征，但语气、否定等外围特征对比较句识别与比较要素抽取的影响没有考虑；（3）没有对比较五元组之间的互动机制进行说明，例如：如何确定比较属性和比较主体／比较基准之间存在归属关系，如何确定比较结果和比较主体／比较基准之间存在语义指向关系。

2. 评价句识别

明确了评价句的概念之后，接下来就是识别评价句。评价句识别是指从混合文本中自动识别出带有评价主体对评价对象褒贬倾向性评价的句子。评价句识别是整个评价分析工作的基础，其完成情况直接影响后续的褒贬极性判定、评价对象抽取等任务。目前，评价句识别采用的基本方法是：查找处理语料中的句子是否含有情感词典中的词语→进一步考察语料中是否出现了情感词典中没有收录的情感新词→确认句子中不包含评价消解词。

目前已经建成的、被较多使用的中文情感词典有知网（HowNet）中文情感分析用词语集、大连理工大学信息检索研究室（DUTIR）中文情感词汇本体库、台湾大学自然语言处理实验室（NTUSD）简体中文情感极性词典，主要是以人工标注的方式构建而成。

从语料中获取情感新词有基于词典、基于统计、基于机器学习、基于模式匹配四种基本方法。

（1）基于词典的方法：文献［18］［19］［20］［21］基于知网（HowNet）提供的词汇语义相似度计算公式，计算候选特征词（形容词、动词、名词、副词）与情感种子词的语义相似度，超过阈值则判定为情感词，并选择与之语义相似度最高的情感词赋予其极性和相应的情感强度。

（2）基于统计的方法：文献［22］基于大规模语料，计算候选情感词与正、负情感基准词集之间的互信息（PMI - IR），完成情感新词的识别和极性判定；文献［23］首先将两个相邻的分词单位合并作为候选新词，然后用谷歌（Google）提供的基于神经网络的开源词向量工具 Word2Vec 训练分词后语料获得候选新词的向量表示，最后融合基于词表集合的关联度排序和最大关联度排序算法计算候选新词与情感词的关联度，关联度越大，候选新词是情感词的概率就越大。

（3）基于机器学习的方法：文献［24］选取情感词、情感词前后词的词形和词性、词重叠、否定词、程度词等特征训练条件随机场模型（CRF）识别语料中的情感新词；文献［25］首先选取单字的词性位置特征和构词能力特征训练深层 CRF 模型识别语料中的新词，然后采用神经网络语言模型将词表征为词义向量，进而基于词义向量距离判断新词的情感倾向；文献［26］首先采用种子词扩展法获得新词候选集，然后通过旧词典、停用词、去掉子串等方法过滤获得新词，最后选取语料中高频情感词的前词缀、前词词性、后词词性、是否带有情感倾向字四个特征训练单分类支持向量机分类器（OC - SVM）对新词进行分类，获取新情感词。

（4）基于模式匹配的方法：文献［27］采用基于模式的自扩展方法（Bootstrapping）获取微博语料中的情感新词，抽取种子集"美丽、美、丑陋、难看"的前、后词构成模式，例如"杭州 / 很 / 美丽 / 吧""很 <instance> 吧"就是一个模式，选择可信度高的模式匹配语料获取新的实例，选择可信度高的实例添加到种子集中，如此反复迭代；文献［28］基于 skip - gram 模型从大规模语料中提取已知情感词的左右边界特征词，选取频繁使用的、包含情感词概率较高的特征模板获取情感新词候选集，然后基于背景语料二元模型（bigram）串、模式序列对候选集进行过滤，最后综合候选串的频次、与其搭配的边界特征词的频次与词种数打分确认情感词。

有些时候，句子虽然包含评价词语但并不是评价句。例如：

①中国队能否成功冲入2018年俄罗斯世界杯，带给国人惊喜，让我们拭目以待。[1]

虽然"成功、惊喜"是评价词，但在例句中只是客观陈述，而非主观评价。针对这种情况，文献［2］提出了主观愿望类、主观猜度类、假设让步类三类评价消解词，把评价消解词收入语义词典并赋予其相应标记，然后制定"评价消解词 + 评价词语"的评价消解规则，取消句子中与评价消解词共现的评价词语的倾向性。

1　本书例句主要选自中国传媒大学国家语言资源监测与研究有声媒体中心 2015.01.01—2016.12.31 媒体语言语料库、新词语研究资源库，以及 2012—2015 年 COAE、NLPCC、SIGHAN 评测测试语料；少数例句选自网络、报纸、书刊；个别例句系作者自行编写。

第一章　绪论

上述研究均认识到情感词语在评价句识别中的核心作用，在情感词典构建和情感新词发现方面做了许多工作，并开始注意到包含评价词语却不是评价句的特殊现象，采取了相应的处理策略。不过，在评价概念界定、评价新词发现机制、大颗粒度评价因子和语境相关型评价因子的识别、评价消解词类型的完备性等方面也存在着一些问题。

（1）评价和情感不是相同的概念，现有情感词典不能完全适用于评价分析。知网中文情感分析用词语集把情感词语分为正面情感词语、正面评价词语、负面情感词语、负面评价词语4类，但分类标准似乎不够明确，例如，把"安静、本质、不变、常规、传统、从头到尾、刚刚"等当作正面评价词语，把"觊觎、自满、溺爱、嫉妒、眼馋、吃醋、意欲、希望、愿意、需要、怀念、答应、迎接"等当作正面情感词语，似乎不太准确。大连理工大学信息检索研究室的中文情感词汇本体库将情感划分为7大类21小类，根据词语的情感类别结合词本身，将乐、好2个积极情感大类（包括快乐、安心、尊敬、赞扬、相信、喜爱、祝愿7个情感小类）划归褒义或中性，将怒、哀、惧、恶4个消极情感大类（包括愤怒、悲伤、失望、疚、思、慌、恐惧、羞、烦闷、憎恶、贬责、妒忌、怀疑13个情感小类）划归贬义或中性，将惊（包括惊奇1个情感小类）划归褒义、贬义或中性，不过，积极情感是否等于褒义评价，消极情感是否等于贬义评价？例如，能否把"囚犯、牢狱、事故、伤员、病毒、残疾、报仇、扫墓、坠毁、遇难、坍塌、卸任、出局、失恋、失业"和"生气、诉苦、烦躁、默哀、怒气冲天"等本身带有负面色彩的词语、消极情感词语看作贬义评价词，似乎有待商榷。台湾大学自然语言处理实验室的简体中文情感极性词典中的一些词语，所表达的似乎既不是情感也不是评价，例如，正面极性词中的"一致、了解、人性、人情、口头通过、考虑、完成、知道"，负面极性词中的"一再、一巴掌、一点点、久坐、大雨、不太、支付利息"等，应该剔除掉。另外，上述三部情感词典都包含副词，例如"一定、亲口、差点儿、偏偏、确实、真正"，但副词实际上属于虚词的范畴，只能对情感词起修饰、限定作用，不具有独立表达情感的能力。

（2）评价新词发现机制有待改进。评价的内涵很广，包括性质好坏、性能优劣、外形美丑、行为善恶等各种语义范畴，少量种子词很难保证具有足够高的语义覆盖率，另外，许多网络词语和新词新语现有词典大都没有收录，也就无法基于释义或义元进行语义相似度计算；统计的方法基于大规模语料，怎样保证语料的质量和规模，同时统计往往只能解决大概率问题，但实际处理的语料中常常包含许多低频情感词，怎样解决数据稀疏问题；机器学习动辄使用上万个特征，如何过滤其中的噪声特征，获取尽可能少的、类别区分度高的特征，以及避免特征之间的冲突，合理设置不同特征的权重，实现特征的有效融合；采用由具体词构成的模板方法召回率低、计算量大，是否可以考虑将词性和相关语义知识加入模板，增强模板的概括性，这些问题均有待进一步研究。

（3）大颗粒度评价因子、语境相关型评价因子的研究有待加强。文献［29］提出了评价因子的概念，"评价因子指语句中表达评价的元素，包括评价词、评价短语、评价表达式、评价性句式四种颗粒度大小不同的语言单位"，现有评价因子的研究主要关注评价词，短语、句式、反语、委婉语等大颗粒度评价因子的研究比较薄弱；文献［30］基于互信息从语料中抽取二元搭配然后进行过滤，构建二元情感搭配常识库，例如："增长＋知识（褒义），眼红＋成功（贬义）"；文献［2］提出了"褒义性名词、贬义性名词、语义偏移型名词、度量衡形容词、语义构式"五类上下文相关型评价因子，采用语义词典和情感短语计算规则相结合的方法赋予短语相应的极性和情感强度；文献［31］基于支持度、置信度和互信息，挖掘上下文相关型评价因子（例如"突出、暴涨、减少"）在语料中的频繁搭配项，构建语境歧义词搭配词典（例如"［颈椎　突出　贬义］，［成绩　突出　褒义］"）；文献［32］选取前后词性（名词、动词、副词、标点等）和特殊词（的、地、得、着、了、吧、啊、呀、啦）特征，采用规则决策和朴素贝叶斯分类相结合的方法，对汉语中使用频率较高的中性、评价二义兼有词"好"进行倾向性判定，这些都是非常有意义的尝试。

（4）挖掘评价消解因子的新类型。例如：

②年轻干部应洁身自好，勤政为民。
③他曾以为所有人都讨厌他。
④俄罗斯总统普京呼吁继续寻找有才能的年轻人学习柔道。
⑤说说你们最近最闹心的一件事吧，没地方可说，就在这里说吧。

上述例句虽包含评价词语，但并不是评价句，现有评价消解词的类型不能覆盖上述情况，需要进一步考察语料，对评价消解

因子的类型进行扩充。

3. 褒贬极性判定

识别出语料中的评价句之后，接下来需要判定评价句中评价因子的褒贬极性以及整个句子的褒贬极性，在此有四点需要注意：

（1）评价因子在句子中的褒贬极性未必是其在词典中的褒贬极性，需要判断评价因子是否受到"不、没有、毫无"等否定因子的管辖，是否与具有翻转其褒贬极性功能的特殊评价对象相搭配。例如：

⑥美股做出<u>报复式</u>反弹后，亦刺激港股在美预托证券（ADR）造好。

"报复式"原本是负面评价词，但当它与"股票反弹"搭配时变为正面评价词。

（2）评价因子在句子中的情感强度可能会增强或减弱，需要判断评价因子是否受到增强型或减弱型程度副词的修饰。

（3）褒贬二义兼有型评价因子（例如："骄傲、奢华、天真"）在不同上下文语境中的极性判定问题。

（4）当褒贬评价因子同时在句子中出现时，需要判断哪一极性的评价因子是说话者所要表达的语义重心。

褒贬极性判定有基于词典和规则、选取特征训练机器学习模型两种基本方法。

（1）基于词典和规则的方法：文献［29］采用评价词典、程度副词词典、否定词典结合评价短语倾向性计算规则，对"程度副词/否定词+评价词"的情况进行情感强度的增强、减弱和情感极性的翻转处理；文献［33］专门对转折句式的极性判定进行研究，构建了一个转折词表（28个词），并将转折词划分为两类，第一类指"虽然、尽管、即使"一类的让步词，用于从句，第二类指"但是、可是、不过"一类的词，用于主句，第二类词后面的情感是作者真正想要表达的情感，且通常与第一类词后面的情感极性相反，据此制定不同类型转折句式"第一类转折词或第二类转折词+［奇数或偶数否定词］+褒义或贬义评价词"的倾向性判定规则；文献［34］首先基于词典抽取句子中的情感分类关键词，具体包括正向情感词（1）、负向情感词（2）、修饰词（M）、否定词（N）、转折词（C）、比较词（P）、假设词（A）、感叹词（T）、疑问词（Q）、指示词（I），并保留它们的相对位置关系以及句子中的标点符号及其位置，从而将句子表征为情感分类关键词向量，例如，"这个 手机 不是 不 好看，而是 功能 太 差"，其向量形式为"NN1，CM2"，然后进行否定处理（将否定词与被修饰的情感词替换为极性相反的情感词，即"N1"替换为"2"，"N2"替换为"1"，替换过程可迭代进行），上述例句经迭代否定替换变为"1，CM2"，最后根据制定的五条逻辑规则进行情感极性判定，上述例句匹配第一条逻辑规则：如果句子中同时包含正向情感词（1）、负向情感词（2）和转折词（C），则句子极性为褒贬混合"0"，该系统在COAE2015微博观点句识别和倾向性判定（限定资源）评测中获得第一名（F1值77.1%）。

（2）选取特征训练机器学习模型的方法：文献［35］专门对条件复句的倾向性进行研究，认为条件复句中条件从句的倾向性应该判定为中性，整个句子的倾向性等于结果从句的倾向性，具体步骤是首先抽取含有条件连接词和隐式条件词的句子作为候选条件句，然后根据词性和类序列规则过滤获得真正的条件句，最后依据假设、让步、特定、无条件四种类型，结合情感词、否定词、副词、条件连接词等特征训练支持向量机分类器（SVM）；文献［36］选取情感词+否定词、歧义词+上下文、情感统计函数三类特征训练最大熵模型（ME）对每一小句进行褒贬极性分类，优先选取转折词、总结性连词所在小句的情感极性作为整个句子的情感极性；文献［30］使用word2vec模型从语料库中获取多情感歧义词（152个）的常见搭配，构建多情感歧义词消歧常识库，例如："骄傲"有赞扬、贬斥两种情感，与赞扬相对应的常识"自豪、成绩、祖国"，与贬斥相对应的常识"失败、无知、缺点"；文献［37］选取评价词、程度副词、否定词、反问句式词、语气词、动词、形容词、副词、转折词、感叹号、问号、省略号等多种特征训练SVM分类器，调整参数获得效果最优的模型对测试数据进行倾向性分类；文献［38］采用集成学习的方法，把基于规则、基于CFR两种分类器的分类结果作为特征，训练汇总分类器SVM，SVM根据一元词、一元词性、特定词（否定词、情感词）序列三个元特征调整基分类器的融合权重，获取效果最优的分类模型，该系统在COAE2015微博观点句识别和倾向性判定（非限定资源）评测中获得第一名（F1值81.1%）。

如果说识别评价句主要依据评价因子这一核心特征，判定评价句和评价对象的褒贬极性则还需考虑否定因子、程度副词、转折词、总括性连词等外围特征。无论是词典规则的方法，还是机器学习的方法，本质上都是在探索最优的特征选择和特征组合方式。从评测结果来看，无论是词典规则的方法，还是机器学习的方法，只要特征选取充分，特征组合恰当，都可以获得非常不错的效果。目前褒贬极性判定的 F1 值已经达到 80% 左右，基本的问题都已经考虑到了，解决剩余 20% 的问题主要靠在深耕细作上下功夫，笔者认为可选择以下三点作为突破口：

（1）当褒贬评价因子同时出现，且句子中没有转折词、总括性连词等显性标记时，如何判定句子的褒贬极性。例如：

⑦葛荟婕再开炮汪峰 网友态度转变：由支持变成鄙视
⑧由硅谷的乐观主义者们编织的自由、开放、民主的网络最多不过昙花一现。
⑨以德报怨只会让伤害你的人得寸进尺。

（2）否定因子对评价因子的管辖研究。当否定因子与评价因子同时出现在句子中时，惯常做法是将评价因子的情感极性取反，不过事实并非总是如此。例如：

⑩没有人会想到林书豪能在重压下打出生涯最精彩一役。

"精彩"虽然与"没有"共现，但并不受"没有"管辖，所以极性不发生改变。

（3）整理汇总现有研究成果，构建褒贬极性判定外围特征本体库，主要包括：否定词表、程度副词表、转折词表、总结词表。

4．评价对象抽取

抽取评价对象即确定评价句中评价因子的语义指向。由于汉语词类和句法成分之间缺乏对应关系、句式灵活多变、缺乏形态标记、省略现象较多等因素，评价对象抽取成为中文评价分析的一大难点。抽取评价对象大致有以下三种基本方法：

（1）先获取候选评价对象集，然后采用一定的策略进行过滤。文献［39］在对语料进行分词、词性标注、句法分析之后，选取名词和名词短语作为候选评价对象，然后根据词频、与领域主题词的 PMI、冗余度对候选集过滤获取评价对象；文献［40］首先利用词形和词性模板获取候选评价对象集，然后通过去除停用词、中心词剪枝、名词剪枝等方法进行过滤，最后采用包含评分机制的双向自举（Bootstrapping）方法获取评价对象，并进一步用 K - means 聚类算法把评价对象区分为产品名称和产品属性；文献［41］借助 ICTParser 句法分析器和 IR 依存分析器获取名词和名词短语作为候选评价对象，然后过滤掉非评价句中的词语，最后采用似然值检验法过滤掉与领域主题不相关的词语；文献［42］利用词性规则模板（例如：n, v, nn, nv, vn, nnn）获取候选评价对象，然后对特殊词、非完整性、非稳定性评价对象进行过滤，最后综合上下文词性、词频和文档频率计算候选评价对象的置信度，前 80% 确定为评价对象，后 20% 进一步匹配词性组合规则模板捕捉"漏网之鱼"。

（2）基于机器学习模型的方法。最常用的是 CRF 模型，把评价对象抽取看成基于上下文信息的序列标注问题。文献［43］选取词特征、词性特征、情感特征、领域本体特征训练 CRF 模型抽取产品评论语料中的评价对象，将评价对象的倾向性判定为

第一章　绪论

距离它最近的评价词的倾向性，情感特征和领域本体特征通过匹配情感词典和领域词典得到，特征窗口大小设置为［−4，4］；文献［44］选取与文献［43］相同的特征训练 CRF 模型，在COAE2014 评价对象抽取及其倾向性判定评测中取得第一名（精确匹配 F1 值 24.2%，覆盖匹配 F1 值 31.9%）；文献［45］选取词、词性、浅层句法（借助哈尔滨工业大学句法分析器得到的名词短语）、启发式位置（评价词位置和距离评价词最近的名词／名词短语的位置）特征训练 CRF 模型进行评价对象抽取，特征窗口大小为［−4，4］；文献［46］选择词、词性、句子倾向性、依存关系（借助 Stanford Parser 分析器获得）、最近名词五类特征训练 CRF 模型抽取评价对象，特征窗口大小设置为［−3，3］；文献［47］在依存分析和规则导入的基础上，选取词、位置、情感词、词性、父节点位置、依存关系、最近名词、基本短语类型、与情感词依赖关系、候选评价对象、特征词典、关键词、句子极性、观点句共计十四类特征训练 CRF 模型，特征窗口大小设置为［−2，2］，将评价对象的倾向性判定为其所在句子的倾向性，在COAE2015 评价对象抽取及其倾向性判定评测中取得第一名（精确匹配 F1 值 15.1%，覆盖匹配 F1 值 17.7%）。

（3）基于规则的方法。文献［48］基于归纳的评价句句法分类体系，构建评价对象抽取规则系统，在 NLPCC2012 中文微博评价对象抽取及其倾向性判定评测中取得第一名（精确匹配F1 值 28.8%，覆盖匹配 F1 值 37.1%）；文献［2］通过对文献［48］的句法规则增添约束条件，对规则逻辑顺序进行调整，同时针对中文评价对象抽取研究中语义特征长期缺失的问题，首次提出了评价触发词、评价对象绝缘词、后指动词、前指动词、心理动词、指向定语的评价名词六类语义特征，采用句法和语义相融合的方法构建的评价对象抽取规则系统在 NLPCC2013 中文微博评价对象抽取及其倾向性判定评测中再次获得第一名，且系统性能较 2012 有了大幅提升（精确匹配 F1 值 42.7%，覆盖匹配 F1 值 53.8%）；文献［16］［49］基于词义分类构建由普通词典、评价词典、领域词典、比较标记词典组成的词典资源，基于句义分类构建包含"规则群—规则簇—规则"（例如：差比规则群—比字句规则簇—规则"X+［A］+比+Y+R""X+比+Y+［A］+R"等）三个语义层级的比较句识别与比较要素抽取规则库，基于词典规则的比较句分析系统在 COAE2012、COAE2013 专门面向比较句的评价对象抽取及其倾向性判定评测中连续两次取得第一名（精确匹配 F1 值约为 40%，覆盖匹配 F1 值约为 50%）；文献［50］基于话题型微博中人称代词的句法、语义和语用特征，制定了指代消解规则库和话题 OBJ 表单相结合的指代消解策略，实验结果良好。

评价对象抽取是评价分析中最具实用价值的一项任务，同时也是颇具挑战性的一项任务，其结果目前还远不能令人满意。这一方面与汉语本身的复杂性有关，另一方面也与采用的方法是否合适有关。

（1）"先获取候选集再过滤"方法的最大症结在于把评价对象与评价因子相割裂，在抽取候选评价对象时没有联系评价因子，这就必然导致候选集中包含大量噪声，加重后续筛选的难度；后续筛选过程仍然把重点放在候选词本身，看其是不是高频词，是否与语料的领域主题相关，左右边界是否抽取完整，这种缺乏评价对象—评价因子相关性分析的做法很难获得较高的准确率。

（2）CRF模型把情感特征作为抽取评价对象的一项重要特征，相比"先获取候选集再过滤"方法要前进一步，同时还考虑了词、词性、位置、与评价因子的距离和依存关系等特征，表面上看似乎已经考虑得比较周到了，但实际效果仍然不理想，最主要的原因是评价对象—评价因子之间的关系错综复杂，不是简单的线性关系。例如，评价对象既可能位于评价因子之前，也可能位于评价因子之后；评价对象既可能是距离评价因子最近的名词／名词短语，也可能是距离评价因子较远的名词／名词短语；评价对象既可能和评价因子具有依存关系，也可能不具有依存关系；评价对象既可能是施事角色，也可能是受事角色或其他语义角色；评价对象既可能是名词性成分，也可能是动词性成分。这种复杂性问题机器学习起来会比较困难，特别是在语料规模不够大、特征选取不够充分的情况下，模型学习的结果很可能并不符合语言的实际情况。此外还有特征窗口大小的设置、句法分析工具的依赖性等问题。窗口过小不足以引入充分的上下文信息，窗口过大又会带来许多噪声，句法分析工具在处理长句子或微博、商品评论等口语色彩较浓、语法不十分规范的句子时容易出错，影响模型的训练效果。

（3）从实验结果来看，基于规则的方法效果最好，这是因为与机器学习模型相比，规则更适合处理非线性复杂问题。首先，规则不存在窗口大小设置问题，可以把整个句子作为分析单位，从而可以更为充分地利用上下文信息；规则不依赖句法分析工具，它通过词性的组合灵活生成各种句法类型，这符合"以简驭繁"的奥卡姆剃刀原理，避免了错误迭代。其次，规则具有更高的自由度，可以规避模型训练中的特征冲突和权重设置等问题，规则设计者可以根据需要任意选取特征组合在一起形成一条规则处理一类语言问题。最后，规则更重视语言本体研究，它基于对语言的词汇、句法、语义、语用的综合分析构建规则库，背后有语言学理据的支持。这也意味着与机器学习相比，规则具有耗费时间长、人力成本高的特点，但要想处理好评价对象抽取这类复杂性语言问题，除了先花费足够的时间和脑力把语言规律吃透，然后基于语言本体研究构建系统，目前似乎找不到更好的解决方案。

评价对象抽取目前处在瓶颈期，自 NLPCC2013 之后，包括 COAE 在内的历届评测最好成绩 F1 值都没有再突破 50%，笔者认为主要有三大瓶颈：（1）评价对象与评价因子之间跨越名词/名词短语的远距离搭配情况；（2）评价因子前后均有名词/名词短语的两难选择情况；（3）评价对象省略，需要进行语篇分析、跨句查找的情况。

小结　随着网络社交媒体的兴起和自然语言处理技术的发展，语言主观性研究进入计算应用研究期。这一时期的主观性研究从解决现实问题出发，以机器自动计算为目标，评价分析因蕴藏巨大的社会和经济价值，成为自然语言处理领域的热门研究对象。学者们从工程应用的角度对评价进行了概念界定，并围绕评价分析的三项基本任务，对评价要素及其相互关系做了大量研究。计算应用期的评价研究，一方面吸收了语言理论研究期的某些成果，例如前人编纂的褒贬义词典，总结的比较、转折句式等，另一方面又从工程计算的视角提出了许多之前没有注意到的新问题，例如：怎样自动识别语料中的评价新词？为什么某些包含评价词语的句子并不具有评价意义？何种情况下与否定词语共现的

中文评价本体研究及系统应用

评价词语褒贬极性不发生翻转？为什么两个语法结构完全相同的句子评价对象却出现在不同的句法位置？解决这些问题离不开对语言本体的深入研究。

第三节　评价本体的概念、功能与构建思路

　　评价分析系统由知识本体与问题求解算法两个基本模块构成，无论是采用规则、统计还是机器学习的方法，实质都是在探寻完成某项评价分析任务需要用到哪些基本的语言知识，以及如何将各种知识有机组织起来。反向思考，如果我们先把汉语用以表达评价的词汇单位、语法结构、语义规则等语言本体知识搞清楚，在设计评价分析系统时就会有章可循、有据可依。目前，中文评价分析效果不甚理想，一个重要原因是"偏重计算，轻视本体"。笔者认为，基于评价本体研究构建评价分析系统是未来值得尝试的一条新路径。本节将主要回答以下四个问题：（1）什么是评价本体？（2）为什么评价分析需要评价本体？（3）评价分析需要哪些评价本体？（4）怎样构建评价本体？

一、哲学：本体论（Ontology）

　　Ontology 最初是一个哲学概念，译为"本体论"，是形而上学的一个重要分支，是认识论、价值论等其他哲学分支的基础，被亚里士多德称为"第一哲学"。本体指万物的本源或基质，本

体论就是探究本体的学问。本体论研究的核心问题是：世界的本源或基质究竟是什么？一派学者将本体归结为乾坤、阴阳、水、火、气、数等构成万物的最基本物质元素，另一派学者将本体归结为绝对理念、道、天理、心性等抽象原则或精神实体。此外，本体论还涉及本体的存在形式、本体与现象世界的关系等问题。这些问题的回答均是哲学家主观思辨的结果，所以有各种各样的答案，由于哲学家们所设想的本体都是超验的，不具有实证性，所以迄今也没有得出一个令所有人都信服的答案。马克思主义哲学转而不再关心从理论思辨角度去探寻似乎永远也无法获得确切答案的"终极实在"，而是开始从实践的角度关注人和人生活的现实世界，探究怎样能动地认识和改造世界来满足人类的需求，促进人类社会的文明和发展。

二、计算机与信息科学：本体（ontology）

20世纪末至21世纪初，本体（ontology）成为计算机科学的一个重要研究领域，人工智能领域的学者们开始认识到，要想让计算机真正理解人的意图，像人一样进行思考和推理，需要赋予它和人一样的背景知识。1991年，美国计算机专家尼彻斯（R. Niches）等在完成美国国防部高级研究计划局（Defense Advanced Research Projects Agency，简称DARPA）关于知识共享的科研项目时，提出了一种构建智能系统的新思想。他们认为，构建的智能系统由两个部分组成，一个部分是"知识本体"（ontologies），另一部分是"问题求解方法"（Problem Solving Methods，简称PSMs）。前者涉及特定领域共有的知识结构，是静态的知识；后者涉及相应领域的推理知识，是动态的知识，PSMs 使用 ontologies 中的静态的知识进行动态推理，就可构建一个智能系统。这样的智能系统就是一个知识库，而 ontologies 是知识库的核心，于是，"知识本体"（ontologies 或 ontology）在计算机科学中就引起了学者们的极大关注[51]。

关于 ontology，许多学者都给出了自己的定义，最被广泛引用的定义是施图德（Studer，1998）提出的"本体是概念模型明确、形式化、可共享的规范说明"（An ontology is a formal, explicit specification of a shared conceptualisation）[52]。其中，"概念模型"指从特定目的出发对某一领域的对象、属性及其关系（类—子类、整体—部分、事件—角色、同义、反义、继承、聚集、函数等）进行抽象概括而形成的模型；"明确"指对象、属性及其关系的含义和使用约束条件用自然语言加以明确的界定；"形式化"指将对象、属性及其关系用计算机可以理解和处理（机器可读）的形式语言予以表示；"可共享"指所构建的概念体系被从事这一领域的人员共同认可和接受，可以被重复使用。哲学的 Ontology 注重理论探讨，目的是探寻蕴藏在世间万象背后亘古不变的"终极存在"；计算机信息科学的 ontology 则强调实践操作，目的是构建计算机自动完成某项特定任务所需要的知识模型。所以，哲学的 Ontology 和计算机信息科学的 ontology 是两个不同的概念，前者是理论，后者则是实体，计算机信息科学的 ontology 不能沿用哲学 Ontology "本体论"这一名称。文献［52］将 ontology 译为"知识本体"，文献［53］译为"本体论模型"，为表述简洁，本书将 ontology 简译为"本体"。

　　本体的构建没有统一的方法，它是基于特定的任务进行知识内容的选择和框架结构的组织。本体构建大致遵循以下基本流程：

　　（1）分析用户需求；

　　（2）制定问题求解算法；

　　（3）确定算法实现需要的本体；

　　（4）构建本体；

　　（5）评价本体质量；

　　（6）修改完善本体。

　　其中，第四步构建本体包含五个基本的建模元语：类（classes）、关系（relations）、函数（functions）、公理（axioms）和实例（instances）。类指概念；关系指概念间的相互关系；函数是一种特殊的关系，指第 n 个元素可以由它前面 $n-1$ 个元素来决定；公理指永真断言[54]。

　　本体"因具有良好的概念层次结构和对逻辑推理的支持"[54]，在人工智能、信息检索、知识管理、语义 Web 等领域已获得了一定规模的实验和应用。不过，由于本体构建的复杂性以及可供使用的构建工具和技术尚未成熟等原因，绝大多数本体还主要是依靠手工构建而成。另外，由于不同本体开发者观察事物的角度和解决问题的思路不同，本体的框架结构、概念颗粒度大小、概念术语集等方面也就相应地存在差异，所建成的本体大都是各成体系、相互独立的"异质"系统。目前，真正在某一领域获得大规模应用的本体还非常少见。在今后的本体研究中，本体自动构建技术和领域本体研发标准的确立将成为重要研究课题。

第一章　绪论

三、评价本体（evaluation ontology）的概念、功能与构建思路

如果把构建评价分析系统比作建造一座房子，系统的各个功能模块就相当于房子的屋顶、门窗、墙壁等部件，但屋顶、门窗、墙壁还不是最基本的，石子、水泥、沙子、木头才是最基本的（语言中最基本的是词）。有了这些基本材料还不够，如果不懂得用恰当的方法把它们组合起来，它们也就只是石子、水泥、沙子、木头，因此还需要研究它们之间的搭配关系（语言中的词语搭配形成各种语法类型和语义关系网络），这就涉及价值选择问题。建造茅屋草房和西式楼房，需要使用不同的建筑材料。木头有很多种，但若要做房梁，就不能选用脆弱易断的桐木，而要选择结实耐用的榆木、楠木才行。词语的词性、词义特征多种多样，哪些特征对于确定评价对象、判定褒贬极性是有价值的，需要加以考察研究。选择出了有价值的词性、词义等基本特征，弄清楚了特征之间的组合规律，我们就可以庖丁解牛，获得我们想要的物件。特征一定要落实到本体中最小的对象——实例，即具体的词语上（"实例是本体中最小对象，它具有原子性，即不可再分性"[54]）。本体包括两个模块——静态本体单位、静态本体单位之间的动态组合关系，前者是词汇本体，后者是句法语义及篇章本体，两者共同构成本书所研究的评价本体。

概括地说，评价本体就是系统完成评价分析任务所必备的语言知识。规则、统计、机器学习等各种评价分析方法实际都是在探求完成评价分析任务需要用到哪些基本语言知识，如何把各种

知识有效地整合起来。反向思考，倘若我们把汉语用以表达评价的词汇单位、语法结构和语义规则等语言知识搞清楚了，那么设计评价分析系统时就会有章可循、有据可依。正是基于这一思想，本书提出了基于评价本体研究构建评价分析系统的基本策略。那么，评价分析具体需要用到哪些本体知识？或者说哪些语言本体知识对系统完成评价分析任务是有帮助的呢？

如前所述，本体的基本性质之一是任务依赖性，本体的选取是基于任务的。我们将基于评价分析的三项具体任务，确定需要构建的相应本体内容。

1. 评价句识别本体

评价句识别的算法步骤如图 1.2 所示。由图可知，评价句识别本体库主要包括：评价词汇本体库、词典未登录评价因子识别本体库、评价消解因子本体库。

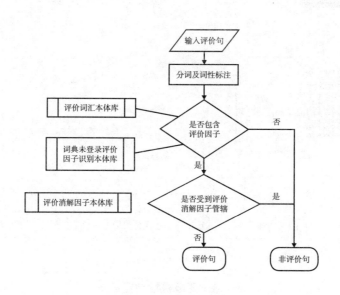

图 1.2   评价句识别算法

2. 褒贬极性判定本体

褒贬极性判定算法如图1.3所示。由该图可知，褒贬极性判定本体库主要包括：否定管辖本体库、转折词本体库、总结词本体库、褒贬极性因子共现句语义焦点有无判断与位置确定本体库。

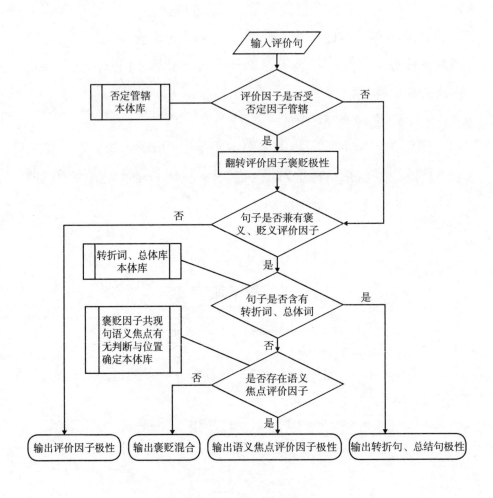

输入评价句

否定管辖本体库 —— 评价因子是否受否定因子管辖 —— 否

是

翻转评价因子褒贬极性

否 —— 句子是否兼有褒义、贬义评价因子

转折词、总体库本体库 —— 是

句子是否含有转折词、总体词 —— 是

褒贬因子共现句语义焦点有无判断与位置确定本体库

否

是否存在语义焦点评价因子 —— 否

是

输出评价因子极性　　输出褒贬混合　　输出语义焦点评价因子极性　　输出转折句、总结句极性

图1.3　褒贬极性判定算法

3. 评价对象抽取本体

评价对象抽取算法如图 1.4 所示。由该图可知,评价对象抽取本体库主要包括:评价因子词性本体库、评价因子语义特征本体库、评价句句法类型与语义模式特征本体库、语篇结构特征本体库。

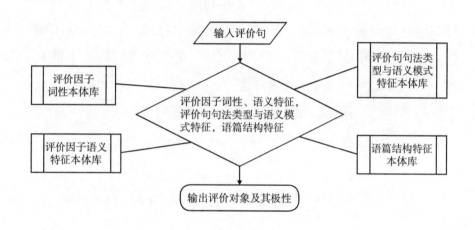

图 1.4 评价对象抽取算法

基于统计、机器学习模型的评价分析方法试图让机器在评价句和非评价句的大规模混合语料海洋中自动探索完成某项任务所需要的语言知识和知识整合方法,但由于缺乏语言理论的指导,机器人很容易在缤纷复杂的数据海洋中迷失方向,难以找到正确的问题求解路径,只能不断地进行试错—修正,再试错—再修正。但由于机器人"只知其然而不知其所以然",它知道这样做不对,但并不知道为什么不对,以及怎样做才对。例如,评价对象有时并不是距离评价因子最近的名词 / 名词短语,背后的语言学道理是什么,机器人并不知道,所以它也就无法从错误中吸取有益的教训,实现自

第一章　绪论

动进化和智慧升级。再加上中文评价分析这个领域情况比较复杂，求解一个问题往往不是沿单一路径即可，常常需要几条路径齐头并进，有时在行进过程中还需要绕几个弯才能到达最终的目的地，机器学习模型受自身固有的算法原理所限，处理这种复杂性问题时学习到的深度往往不够。本书提出基于评价本体研究的系统构建方法，实际是想要从目标对象本身出发，进行逆向思维，先把目标对象本身的语言特点揭示出来，然后"有的放矢"地制定相应处理策略。这就如同在茫茫大海中亮起了一座灯塔，舵手沿着灯塔发出的光线航行，就可以有效规避在数据海洋中"大海捞针"的艰巨和复杂，少走许多弯路，从而以最简短高效的路径直达目标。

第四节　本书的研究基础及各章节安排

本书研究的课题属于国家语言资源监测与研究中心科研项目"中文情感倾向本体研究与规则实现"（项目编号：YZYS15-05）。国家语言资源监测与研究有声媒体中心的老师与学生之前已做过中文评价分析的相关研究（文献［2］［16］［28］［29］［48］［49］［50］［55］［60］等），对于已经做过的工作本书将不再重复。本书主要针对前面研究现状部分指出的尚未解决的问题进行研究，"对症下药"提出自己的解决方案。课题研究的主要目的如下：针对中文评价分析"重计算，轻本体"的现状，从词汇、句法、语义、语篇四个维度对评价知识本体做系统研究；基于本体研究的成果，提升中国传媒大学评价分析系统CUCsas（CUC是"中国传媒大学"的英文简称，sas是"评价分析系统"的英文简称）的性能；最后将评价分析系统应用于新闻评论倾向性分析、用户推荐、语言文字舆情监测三个工程领域。

本书的主要研究内容和后续章节构成如下：

第二章主要针对当前评价句识别任务中评价词汇本体库收词不准确，词典未登录评价因子识别效果较差，评价消解因子类型较少三个主要问题展开研究。提出评价因子与情感因子、情绪因子等易混淆概念的区别特征，对现有情感词汇本体进行过滤获得专门用于倾向性分析的评价词汇本体；研究评价因子的语境特点，采用评价因子上下文词性和词义规则模型的方法识别词典未登录评价因子；提出目的计划型、疑问询问型、建议要求型、客观指涉型等评价消解因子新类型，提升系统辨别包含评价因子但并不表达评价意义的"伪评价句"的能力。

第三章主要针对褒贬极性判定任务中褒义、贬义评价因子共现情形，评价因子不受否定因子管辖情形两个深层问题展开研究。对褒贬因子共现情形进行考察分析，归纳得出褒贬因子共现句"句法结构类型—语义焦点位置分布"对应规律；对包含否定因子的评价句进行研究，重点考察评价因子不受否定因子管辖时的词汇和语法特征，提升系统对否定句褒贬极性判定的准确率；另外，整理汇总与完善补充已有研究成果，构建一个收词较为完备的褒贬极性判定外围特征本体库（主要包括否定词表、转折词表、总结词表）。

第四章主要针对评价对象抽取任务中评价对象与评价因子之间跨越名词/名词短语的远距离搭配情况，评价因子前后均有名词/名词短语的两难选择情况，评价对象省略，需要进行语篇分析、跨句查找三大"瓶颈"问题展开研究。研究评价因子自身的语义特征、评价因子与评价对象的配对规律、评价句的句法结构和语义模式、语篇组织方式等，提出词汇、句法、语义和语篇知识相融合的评价对象抽取四维语言规则模型。

第五章为系统实现与实验。将第二、第三、第四章评价本体研究的结果用机器可读的形式语言进行表示，然后添加到评价分析系统的语义词典、情感计算规则库、评价对象抽取规则库等相应模块中。选取实验语料，对比评价知识本体添加前后系统各项性能指标（准确率、召回率、F1 值）的变化情况，检验本体研究的结果对于评价分析是否有效。

第六章为评价分析系统的工程应用。经济领域选取的应用是用户推荐，案例是 vivo X9 vs OPPO R9s，对比京东商城用户对两款手机各项性能指标的评价褒贬率；文化领域选取的应用是语言文字舆情监测，案例是 #CCTV 朗读者 #[1]，统计微博话题评论的好差评率并抽取被评价次数最多的对象及其评价结果作为"语情焦点"。

第七章为总结与展望。一方面，对本书所做的工作进行总结，介绍研究的特点和创新之处；另一方面，指出下一步研究工作的重点和方向。

1　　"#"代表微博话题。

第一章

评价句识别研究

　　评价句识别是整个评价分析工作的基础，只有首先识别出评价句，才谈得上后续判定褒贬极性以及抽取评价对象。评价句识别是一项判定句子是评价句或非评价句的二元分类任务，找出评价句与非评价句的区别特征是完成这一任务的关键。

　　（1）若句子是评价句，则一定包含具有评价意义的评价因子，不包含评价因子的句子不是评价句。所以，首先应该明确评价因子的概念特征，即何谓评价因子；然后把语言中符合评价因子概念定义的词、短语、句式等具体语言单位汇集在一起，构建一个可共享的评价因子本体库；由于语言随社会发展而发展，新的评价因子（例如"坑爹、高富帅、萌萌哒"）不断涌现，所以还需建立词典未登录评价因子的自动识别机制，不断地补充完善既有评价因子本体库。

　　（2）若句子是评价句，则一定不能包含具有取消评价因子评价意义功能的评价消解因子，包含评价因子同时又包含评价消解因子的句子同样不是评价句。所以，准确识别评价句，除了要考虑评价因子，还应兼顾评价消解因子。本章将针对当前中文评价句识别研究中评价因子概念界定较模糊、词典未登录评价因子识别效果较差、评价消解因子类型较少三个基本问题展开研究。首先，区分情感因子、情绪因子、带有正面或负面内涵意义的因子、品质属性因子几类容易与评价因子相混淆的主观性概念，明确评价因子的概念特征，进而对现有情感词汇本体资源进行过滤，获得专门用于倾向性分析的评价词汇本体，避免因词典收录的评价词语不准确而导致评价句识别错误，提升评价句识别的准确率；然后，对评价因子出现的语言环境进行考察，归纳得出评价因子区别于非评价因子的上下文语境特征，据此制定相应的评价新词发现机制，提升评价句识别的召回率；最后，对评价消解因子的语义类型进行扩充，提升系统对包含评价因子但并不具有评价意义的"伪评价句"的辨别能力，提升评价句识别的准确率。

第一节　评价因子的概念特征

顾名思义，评价因子指表达评价意义的因子。广义上，表达评价意义可以诉诸言语、表情、声音、动作等多种手段。本书所研究的是狭义的言语评价因子，即评价主体（说话人或说话人援引的他人）在某一环境下（时间、空间、场景等）基于一定的评价标准（道德、审美、价值标准等）针对某一评价对象（任何事物）说出的带有主观倾向性（褒义、贬义、褒贬混合）的言语成分（词、短语、表达式、句式、语篇等）。"褒贬倾向性"是评价因子区别于其他类型主观性因子的本质特征。

一、评价因子 vs 情感因子、情绪因子

情感指的是人或动物对外界刺激的心理反应，包括喜悦、兴奋、激动、恐惧、悲伤、烦闷、愤怒、焦虑、怀疑、担忧、懊悔、喜欢、厌恶、惊奇，等等。可见，情感是一个综合性的概念，评价／褒贬倾向只是情感类型的一种，除此之外情感还包括许多其

他类型，评价/褒贬倾向之外的情感类型可统称为情绪，指不带有褒贬倾向性的各种心理反应。

心理反应同样是一个抽象概念，为便于理解，我们将其置于心理过程的整体运作流程之中进行考察。如图 2.1 所示，心理过程是由感知（perception）、认知（cognition）、反应（reaction）三个基本模块按照时间先后顺序与逻辑顺序组织起来的有机整体。

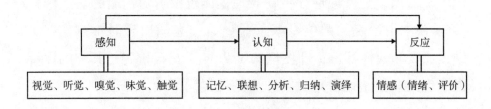

图 2.1　心理过程

感知→认知过程是由感性认识上升到理性认识的过程，本书所研究的评价则属于感知或认知完成之后的一种心理反应。确切地说，评价是说话人基于感官对事物感知之后的生理体验，或基于大脑中的科学、道德、伦理、美学、价值等知识，对事物进行理性分析之后做出的真假、善恶、好坏、美丑、贵贱等褒贬倾向性评判。喜、怒、哀、乐等情绪也属于感知或认知完成之后的心理反应，但并不带有说话人的褒贬倾向性，积极情绪不等于褒义评价，消极情绪不等于贬义评价。例如：

①-a 在游玩的休息时间，老人们<u>高兴</u>地唱起了歌、跳起了舞。
①-b 今天我们很<u>高兴</u>和中国社科院的两位专家，一起来聊一聊近期发生在欧美国家的一些腐败案例。

②-a 作为同一个派出所的战友，听到老胡出警时被刺伤的消息真的很<u>难过</u>。

②-b 梅西：对科比退役感到<u>难过</u> 他将会被<u>载入史册</u>

"高兴""难过"都是由外界刺激引发的情绪反应，但从上述例句可以看出：说话人并没有对情绪的心理主体（①-a"老人们"）做出褒贬倾向性评价；心理主体也没有对情绪的刺激因素（①-b"中科院的两位专家"，②-a"老胡出警时被刺伤"）做出褒贬倾向性评价；即便例句（②-b）是评价句，其中的评价因子也并非情绪词"难过"，而是褒义词"载入史册"，如果把消极情绪词"难过"当作贬义评价词收录到评价词典中，反而可能会造成句子极性判断错误。所以，有必要对现有情感词汇本体进行过滤，去掉其中的情绪词语，只保留那些真正具有褒贬评价意义的词语。

主观性是最顶层的语义类型，情感是主观性的下位类型，评价和情绪又是情感的下位类型。两者的相同特征是都带有主观情感色彩，都是由外界刺激引发的心理反应；区别特征是评价因子具有褒贬倾向性，情绪因子则不具有褒贬倾向性。

评价因子：〔＋主观情感，＋外界刺激造成，＋褒贬倾向〕

情绪因子：〔＋主观情感，＋外界刺激造成，－褒贬倾向〕

二、评价因子 vs 带有正面或负面内涵意义的因子

词语的内涵意义是附加于其概念意义之上的意义，指词语凭借它所指的内容而使人联想到的真实世界中的经验[56]。容

易与评价因子相混淆的另一类词语是带有正面或负面内涵意义的事物、现象或事件类词语，例如地震、火灾、洪涝、干旱、雾霾、疾病、战争、囚犯、失恋、失业、撞车、坠毁、遇难、扫墓、控告、起诉、维权、救援、改革、团圆、中奖、升官、畅饮、爱情、订婚、鲜花、彩礼、特产、上将、上校、院士、大年夜、拜年等。

"地震"的概念意义是"地壳震动，通常由地球内部的变动引起，包括火山地震、陷落地震和构造地震等"。由于地震会造成严重的财产损失和人员伤亡，还可能会引发海啸、滑坡、泥石流等次生灾害，所以当人们说起或听到"地震"时，常常会不自觉地产生负面联想。但"地震"终究是一种客观的自然现象，而非说话人的情感态度。人们在日常话语中使用"地震"一词时通常是把它作为谈论的对象，例如报道地震的发生时间、地理位置、强度级别、形成原因、造成的影响、建议采取的预防和应急措施等，而不是把它当作评价因子对其他事物进行褒贬评价。倘若把"地震"作为评价因子收录到评价词典中，势必会把许多客观陈述句错误地判断为评价句。例如：

③安徽芜湖市无为县发生3.0级地震

④日本九州地区14日晚发生6.4级地震，当地震感强烈，地震未引发海啸。

⑤玉树地震6周年：新玉树在废墟中重新屹立

上述例句虽然都含有"地震"一词，但都不是评价句，只是客观陈述或报道。

即使"地震"一词出现在评价句中，它也只能是充当评价对象、评价情景等成分，而不能充当评价因子。不能用"地震"本身来对"地震"相关内容进行褒贬评价，"地震"本身并不具有褒贬倾向性，它只是对自然现象的客观指称而已，必须用"地震"之外的真正具有褒贬意义的评价因子进行评价。例如：

⑥汶川大地震给经历了这场<u>灾难</u>的人们<u>造成了巨大的心理创伤</u>。

⑦菅直人应对日本地震的能力受<u>质疑</u>，近八成民众<u>不满</u>。

⑧日本福岛核电站由于地震后<u>处置不力</u>导致燃料棒熔毁、压力容器壳损坏、辐射物质外泄。

"雾霾、洪涝、生病、失恋、起诉、维权"等词与"地震"类似，是对事物、现象、状态、行为、事件等的客观指称，如果把它们纳入评价词典，人为地强行赋予其褒贬评价意义，会把实际只是客观陈述的句子误判为评价句；即便误打误撞其所在句是评价句，也可能会影响褒贬极性判定的准确性。比如，"失恋"一定是坏事吗？其实未必。例如：

⑨不是所有的恋爱都会迈入婚姻，失恋不是坏事，至少在婚前发现对方不是对的人，从自身角度来说，无疑是一件大好事。

⑩伴随着失恋，往往也会迎来深刻的自我心灵检讨，这个过程是我们成长的重要步骤。

⑪只有失恋过，才知道自己是谁；只有失恋过，才知道自己真正想要什么样的爱情。

"起诉"的一方就一定是正义方，被起诉的一方就一定就是非正义方吗？在最终审判结果宣布之前，我们不可妄下定论。"维权"一词一定是褒义词吗？如果目的不正当，手段不合法，就不能称得上真正意义上的维权。例如：

⑫车主砸玛莎拉蒂维权。

⑬不能纵容动辄"打砸"的维权

⑭男子飞机上耍横水泼空姐，维权切莫触碰底线。

如果我们把"维权"当成褒义词收录到评价词典中，上述例句的极性就可能会被误判为褒义。

评价因子与带有正面或负面内涵意义的因子的区别如下：评价因子属于主观范畴，表达的是人物内心世界的情感，褒贬倾向意义就是它的概念意义，没有内涵意义；带有正面或负面内涵意义的因子属于客观范畴，表达的是事物、现象、状态、行为、事件等外部世界中的对象，客观指称意义是它的概念意义，褒贬倾向只是它的内涵意义（内涵意义具有不稳定性、不唯一性）。

评价因子：［＋主观范畴，＋内心世界，＋概念意义是褒贬倾向，＋没有内涵意义］

带有正面或负面内涵意义的因子：［＋客观范畴，＋外部世界，＋概念意义是客观指称，＋内涵意义是褒贬倾向］

三、评价因子 vs 品质属性因子

还有一类容易与评价因子相混淆的概念是表示人或事物的品

质属性的词语，大致可归纳为以下类型（见表2.1）：

表2.1　品质属性因子

类型		示例
后缀型	××性	韧性、悟性、可读性、兼容性、机动性
	××感	口感、手感、责任感、正义感、操纵感
	××度	风度、气度、认可度、流畅度、辨识度
	××率	效率、速率、保值率、回头率、满意率
	××力	实力、毅力、想象力、创造力、凝聚力
	××心	爱心、信心、责任心、廉耻心、进取心
	××商	智商、情商、逆商、财商、婚商、唱商
	××精神	进取精神、合作精神、奉献精神、牺牲精神
	××能力	作战能力、夜拍能力、续航能力、抗风险能力
前缀型	才××	才气、才学、才华、才略、才能
	品××	品德、品格、品行、品位、品质
	气××	气度、气魄、气势、气质、气量
	情××	情怀、情趣、情致、情操、情味
	人××	人格、人性、人品、人气、人味
	天××	天分、天赋、天理、天资
	信××	信仰、信义、信用、信誉
其他		品德、涵养、价值、成效、作用、技术含量

"韧性、价值、才能、信誉、正义感、凝聚力、廉耻心"等品质属性因子乍看像是褒义评价因子，不过考察语料发现并非如此。例如：

⑮-a 71% 的企业主管认为，工作上的<u>韧性</u>是他们决定下属去留的考量关键。（非评价）

⑮-b 虽然今年中国经济增长的下行压力依然较大，但经济

的韧性依然十足。（褒义）

⑮-c 美国结构工程师侯赛因（Saif M. Hussain）表示，台湾多典型的老屋，脆硬、没有韧性，是地震发生时的致命伤。（贬义）

⑯-a 一直以来，我们总是喜欢拿流量来衡量一个广告渠道的价值，所以都在讲什么CPC（单位点击成本）之类的指标。（非评价）

⑯-b 篮球职业生涯20年，科比已经成为乔丹后NBA历史上最具商业价值的体育巨星。（褒义）

⑯-c 据外媒报道，苹果打算彻底放弃 MacBook Air 产品线，因其存在价值太小。（贬义）

例⑮、例⑯的 a、b、c 例句中含有相同的品质属性因子，但是否表示评价，表示评价时的褒贬极性并不一致。如果把"韧性""价值"这类品质属性因子当作褒义评价因子收录到评价词典中，无疑会造成许多评价句识别和褒贬极性判定错误。品质属性因子是指称人或事物某一性质的抽象名词，虽然看不见、摸不着，但却是对象本身所固有的，不依赖于说话人而存在，所以不带有个人主观色彩，更谈不上带有褒贬评价意义（⑮-a，⑯-a）。另一方面，就人们的主观期望来说，人们是希望对象能够拥有和具备这种品质属性的，因为这符合人类社会的道德、价值、审美、功能需求等标准，并且拥有和具备的程度越是高于标准就越好（⑮-b，⑯-b）；相反，如果对象不拥有和具备这种品质属性，或是拥有和具备的程度低于标准，则被认为不好，越是低于标准就越不好（⑮-c，⑯-c）。评价因子与品质属性因子的区别如下：评价因子源自说话人，具有主观依赖性，词性以形容词、动词为主，词义具有褒贬倾向，人们对评价因子没有主观期望，褒义和贬义评价因子对于语言表达同等重要；品质属性因子源自对象本身，不依赖说话人，词性是抽象名词，词义不具有褒贬倾向，人们对品质属性因子带有主观期望，希望对象能够充分拥有和具备它。

评价因子：［＋源自说话人，＋主观依赖性，＋形容词、动词为主，＋褒贬倾向，－主观期望］

品质属性因子：［＋源自事物本身，＋客观独立性，＋抽象名词，－褒贬倾向，＋主观期望］

第二节　评价因子的语境特征与自动识别

没有任何一部评价词典可以做到完整无缺，原因在于以下两个方面：

（1）语言不断发展，评价新词不断涌现。例如，随着社交网络媒体的发展出现的"点赞、顶你、喷子、键盘侠"，随着社会生活的发展出现的"腹黑、作秀、熊孩子、萌萌哒、蛮拼的、奇葩证明"。由于语言符号音义结合的任意性，评价新词诞生之前难以对其进行预测，所以评价词典具有滞后性，需要及时地、不断地进行更新。

（2）评价因子除了是词，也可以是词与词组成的短语。语言中词的数量相对有限，短语的数量则要大得多，例如"死脑筋、够损的、不咋地、杠杠的、脑子进水、脸皮真厚、有个屁用、吃饱了撑的、走形式而已"，这些大颗粒度的评价因子数量众多、类型多样，词典很难收录完全，所以需要对待处理语料当中的词典未登录评价短语进行识别。

　　词典未登录评价因子的识别效果，直接影响系统评价句识别的召回率。其实，词典未登录评价因子虽然形式上是新的，但用法上和旧评价因子并无二致。因为，既然是评价因子，其语义类型无非就是褒义或贬义，其语法类型无非就是名词性、动词性或形容词性的，适用于旧评价因子的上下文语境特征同样适用于新评价因子，所以我们可以基于旧评价因子的语境规律来发现语料中的新评价因子。当前，词典未登录评价因子的识别效果之所以不理想，最主要的原因是缺乏对评价因子上下文语境特点的深入研究。我们将基于评价因子、非评价因子上下文语境特征的对比考察，找出类别区分度高的，只适用于评价因子的语境特征，以识别语料当中的词典未登录评价因子。

一、程度副词＋××

　　根据语义取值是"有—无"二元型，还是"弱—强"渐变型，词语可以分为客观性词语、主观性词语两大基本范畴。评价词语属于主观性词语，例如"有点儿好看—非常好看—极其好看—最为好看"，"好看"程度由弱到强逐渐递增。程度副词是指示主观性强弱程度的功能词，能受程度副词修饰的词语必定是主观性词语，客观性词语不能受程度副词修饰。因此，我们可以基于话语模[57]"程度副词＋××"这一区别特征实现主／客观词语的二元分类，然后进一步对主观性词语过滤获得评价词语。表 2.2 是"程度副词＋××"是否可以充当主／客观词语区别特征的实证考察。

表2.2　"程度副词 + 主/客观词语"实证考察

词类		举例	结果
主观词语	不及物动词	励志、懂行、对眼、得人心，吹牛、犯忌、瞎扯、仗势欺人	可以受程度副词修饰，且表达褒贬评价
	及物动词	欣赏、佩服、赞同、看好，鄙视、讨厌、侮辱、看不起	
	名词	霸气、淑女、绅士、礼貌、正能量，土气、狗血、屌丝、奇葩、负能量、死脑筋	
	形容词	优秀、正直、善良、美丽、漂亮、丑陋、低俗、虚荣、偏执、软弱	
客观词语	不及物动词	吃饭、洗澡、搬迁、炒股、考试、互访、就诊、复婚、结束	不可以受程度副词修饰
	及物动词	办理、调查、阅读、观看、弹奏、维修、销售、种植、解剖	
	名词	土壤、天空、树木、工厂、学校、飞机、汽车、声音、原子、思维、状态、空间	
	形容词	雪白、墨绿、血红、大大小小、高高低低	

注释：程度副词包括"有点儿、很、非常、比较、极其、最为"等。

从表2.2可以看出，"程度副词 + ××"可以充当主/客观词语的区别特征。所以，我们可以利用话语模"程度副词 + ××"来识别语料中的主观性词语。话语模"程度副词 + ××"具有以下特征：

1. 不仅可以识别评价词，也可以识别评价短语

评价短语由于数量庞杂、缺乏显著特征等原因，一直是评价因子识别的"软肋"。利用话语模"程度副词 + ××"可以捕获短语级的大颗粒度评价因子。例如：

⑰勒沃今年以来的表现，有点儿叫人看不懂。

⑱我真的非常，非常不接受这种做法。

⑲妈妈是个很有时间观念的人，在时间安排上精确到分。

⑳李峰还算挺能耐得住寂寞的。

㉑全面而丰富的主动安全配置无疑让国产 XC60 成为这个级别最容易驾驶、最安全的车型。

2. 可以对中性、评价二义兼有型词做出倾向性判定

有些词既有中性意义，也有褒贬意义。而当它们受程度副词修饰时，可以判定说话人使用的是其褒贬意义。例如：

㉒-a 当前我国经济发展进入新常态。（中性）
㉒-b 丰田威驰是一款非常经济的小型车。（褒义）

中性褒义兼有词包括：经济、科学、正面、卫生、保险、负责、环保、节能、协调、实际、标准、搭、好，等等。

㉓-a 在中国几千年封建社会中，谷子（小米）一直是北方的第一大作物。（中性）
㉓-b 赵本山收徒弟大兴跪拜礼，网友痛批很封建。（贬义）

中性贬义兼有词包括：封建、机械、自我、一般、世俗、官僚、耗电、二、次、娘、土、渣、卡、坑、差，等等。

3. 可以把普通词转变为褒贬评价词

有些词本身是中性客观词，不具有褒贬评价意义，但当它们受程度副词修饰时，其身上某种美好的或丑陋的品质会被说话人凸显出来，成为所要传达的语义焦点，从而表现出褒贬评价意义。例如：

㉔百强家具，真的很<u>德国</u>。

㉕黄晓明宠爱 Baby 当公主：这是男人最 <u>man</u> 的时刻。

㉖这款笔记本超级<u>散热</u>。

㉗张艺谋表示影片主题非常<u>吸引</u>他。

由此可见，利用话语模"程度副词＋××"可以捕获许多评价词典中没有收录但却在语境中实际具有褒贬评价意义的词语，从而提升系统评价句识别的召回率。

需要注意的是，话语模"程度副词＋××"在识别出语料中的潜在评价因子的同时，其识别结果里面也包含一些噪声，主要有以下几类（见表2.3）：

表2.3　话语模"程度副词＋××"10 类噪声

序号	类型	举例
1	情绪性	高兴、开心、欢乐、愉快、伤心、难过、担心、忧虑、着急、紧张
2	可能性	能、能够、可以、可能、有可能、确定、肯定、明确
3	必要性	需要、重要、主要、必要、应该、紧迫、关键
4	通常性	少见、经常、频繁、常见、显著、明显、普遍
5	性质性	复杂、集中、忙碌、容易、强烈、小心、深沉、严格、忙
6	意向性	想、希望、愿意、渴望、期待、回忆、想念、怀念
7	感知性	关注、关心、留意、注意、在意、注重、警惕、强调、受关注
8	认知性	熟悉、了解、熟知、清楚、明白、理解
9	度量性	长、短、快、慢、早、晚、冷、热、深、浅、高、低、多、少、久
10	相似/相关性	相似、相近、接近、类似、接近、像、雷同、不一样、相关、有关系

这些词语虽然也是主观性词语，但并不具有褒贬评价意义。我们将其收录到过滤词典中，对话语模"程度副词＋××"的识

别结果进行过滤之后，获得真正的褒贬评价词语。

二、动词＋得＋××，××＋地＋动词

　　评价因子在评价句中充当的语义角色是说话人对事物的评价结果，而话语模"动词＋得＋××""××＋地＋动词"的模槽"××"正是结果补语、结果状语出现的语义位置，表示说话人对事物"怎么样"的主观评价态度。之所以将结构助词"得"前面的词性、"地"后面的词性限定为动词，是为了避免噪声。如果是形容词的话，"××"通常是程度补语（"清晰得<u>不得了</u>""高兴得<u>跳了起来</u>"）和程度状语（"<u>非常</u>地激动""<u>深深</u>地失望"），不是我们所希望获得的褒贬评价词语。

　　1.动词＋得＋××

　　㉘总量控制还是做得<u>晚</u>了，指标做得<u>少</u>了，强度做得<u>小</u>了。
　　㉙这里的洞叫水帘洞，名字起得<u>我很有意见</u>，不能发挥点创意吗？
　　㉚"油水"少了，用权也不能"随便"了，公务员干得<u>没意思</u>了。
　　㉛影片中有些熊孩子表现得<u>跟野狗一样没规矩</u>，那怎么行！
　　㉜这流量消耗得<u>没头没脑</u>，作为消费者，想采取措施防范都无从下手。
　　㉝他把原因分析得<u>有鼻子有眼</u>的。
　　㉞20世纪60年代，他导演了歌舞片《东方歌舞》，影片拍摄得<u>精致考究</u>。

㉟就连满是边缘人物的《X战警：第一战》也被他处理得<u>平添许多青春气息</u>。

2.××＋地＋动词

㊱朱福林自以为找到了一个发财捷径，开始<u>贪婪</u>地捞取好处。

㊲勇士创造联盟历史最佳开局16连胜，湖人则<u>悲催</u>地成为勇士的垫脚石。

㊳没发票了，自己不及时去领，拖累群众跑几次，反而态度<u>蛮横</u>地打电话催促，好像犯错误的是别人。

㊴习近平同志<u>高屋建瓴</u>地阐述了一些重大理论问题。

㊵他扎根基层，带领村民<u>又好又快</u>地建设社会主义新农村。

㊶《论持久战》<u>科学</u>地论证了抗战的发展规律。

㊷屠呦呦因<u>开创性</u>地分离出青蒿素应用于疟疾治疗获得今年的诺贝尔医学奖。

从以上例句中可以看出，话语模"动词＋得＋××"和"××＋地＋动词"除了可以识别词典未登录评价词语，还可以对语境相关型评价因子做出倾向性判定。"大、小"等度量衡形容词，"科学、机械"等中性评价二义兼有词，"开创性、创造性"等品质属性词均属于语境相关型评价因子，它们本身不具有倾向性，只有在特定上下文语境中才具有倾向性。度量衡形容词的倾向性判定通常需要借助领域词典，例如"大、小"与"油耗、噪声、动力、辐射"等领域词搭配时表示评价；中性评价二义兼有词和品质属性词的倾向性判定通常需要借助评价短语计算规则，例如"科学、机械"受程度副词、否定词修饰时表示评价，"开创性、创造性"充当"具有、缺乏、提升、降低"等存现动词的宾语或主语时表示评价。话语模"动词＋得＋××""××＋地＋动词"无疑又增添了一种判定上述三类语境相关型评价因子具有倾向性的新方法。例㉘中"晚、少、小"出现在话语模"做＋得＋××"的模槽位置充当结果补语，表达了说话人对评价对象"总量控制、指标、强度"的贬义评价；例㊶、例㊷中"科学、开创性"分别出现在话语模"××＋地＋论证、××＋地＋分离"的模槽位置充当结果状语，表明说话人认为评价对象"《论持久战》、屠呦呦"已经拥有、具备了"科学、创造性"的品质属性，表达了褒义评价。

利用话语模"动词＋得＋××"与"××＋地＋动词"匹配语料，抽取模槽成分"××"作为候选评价因子，经确认后将获得的词典未登录评价因子添加到评价词典，同时对语境相关型评价因子做出倾向性判定，从而提升系统评价句识别的召回率。

三、评价因子＋并列词／转折词＋××，××＋并列词／转折词＋评价因子

并列和转折是人们在阐述思想观点时经常使用的两种逻辑关系。两个或多个褒贬极性相同但具体概念意义不同的评价因子并列使用，有助于说话人全面、细致地表达对事物的评价态度；两个或多个极性相反的评价因子连用，则是一种欲扬先抑、欲抑先扬的说话技巧，虽然后面的内容才是说话人真正想要表达的重点，但有了前面的衬托会使论述显得客观公正，易于被听话人认可和接受。表示并列关系的词语有"和、与、及、且、以及、并、并且、而且"以及标点

符号顿号“、”等；表示转折关系的词语有“但、却、但是、而是”等；“而、又、或、或者”等词既可以表并列关系也可以表转折关系。

1. 模标中的评价因子是形容词

㊸南沙岛礁建设是中国主权范围内的事，合法、合理、合情。

㊹网上、电视上看到专家推荐某个个股，他便大举进仓，可以说既任性又带有一定的盲目性。

㊺去年启动了一批重大民生工程，实施有效但还不够理想。

2. 模标中的评价因子是动词

㊻“二胡与钢琴音乐对话”的首场尝试，受到了德国汉诺威观众的赞赏与推崇。

㊼这种微商真正赚钱不是靠零售，而是靠发展下级代理商，手段就是在朋友圈造假和炫富，微商亦变成了“微传销”。

㊽这个被称为“罗杰的偷袭”战术，近来一直受到热议，球员们或赞赏或冷眼。

3. 模标中的评价因子是名词

㊾动员群众、依靠群众仍然是我们打赢信息化条件下局部战争的优势和法宝。

㊿这种区位优势曾经也是南桥的劣势和短板。

(51)美式民主对于美国社会也绝非尽善尽美；而将它推向世界时，其缺陷与弊病愈发被放大。

此外，还可以对中性评价兼有词做出倾向性判定。例如：

㊺靠<u>造假</u>与<u>表演</u>支撑的慈善，是功利而虚伪的。

㊻把权力关进制度的笼子里，可以有效防止权力<u>滥用</u>和<u>寻租</u>。

㊼有关方面从落马官员心路中总结其以权谋私所利用的制度<u>缺陷</u>和<u>漏洞</u>。

㊽金融人才的选拔过程信息不对称，缺乏<u>客观</u>、<u>有效</u>且<u>广泛认可</u>的评估手段。

当"表演、寻租、漏洞、客观"等中性评价二义兼有词与并列词、转折词以及评价因子连用时，可以判定说话人使用的是其褒贬评价意义。

利用话语模"评价因子 + 并列词 / 转折词 + × ×"与"× × + 并列词 / 转折词 + 评价因子"匹配语料，抽取模槽成分"× ×"作为候选评价因子，经确认后将获得的词典未登录评价因子添加到评价词典中，同时对中性评价二义兼有词做出倾向性判定，从而提升系统评价句识别的召回率。

第三节 评价消解因子语义类型

识别出评价因子并不能确保句子是评价句，评价因子是评价句的必要非充分条件，包含评价因子的句子除了是评价句，也可能是表达客观陈述或其他类型主观性意义的"伪评价句"。评价消解因子是指具有取消评价因子的褒贬倾向性功能，使句子由评价句变成非评价句的词、短语或句式等语言单位。包含评价因子，且不包含评价消解因子，才构成判定句子是评价句的充分条件。

我们在之前的文章中已经提出了主观愿望类、主观猜度类、假设让步类三类评价消解词，但这三种类型还不足以处理所有"伪评价句"情况。通过对语料考察分析，我们又扩充了"目的计划类、疑问询问类、建议要求类、客观指涉类"四种评价消解因子。

一、目的计划类

表示目的、计划的词语或句式。处于其管辖范围内的评价因子表示说话人的某种主观意图或愿望，并未实际发生，不具有评价功能。包括：目的是、目标是、任务是、为的是、是为了、致力于、为、为了、旨在、要想、试图、力图、计划、打算、将、以、以便、以求、用以、借以、好让、以免、免得、省得、以防、以……为目标等。

㊗️我们的目标是建设富强、民主、文明、和谐的社会主义现代化国家，实现中华民族伟大复兴。

㊗️要想让群众在评测时点赞，关键得把功夫下在平时。

㊗️再赴印度尼西亚出席亚非领导人会议和万隆会议60周年纪念活动，是为了弘扬万隆精神，增进中国同广大发展中国家的团结合作，推动构建合作共赢的新型国际关系。

㊗️为了让动物过得更加自然快乐，动物园的工作人员想了很多办法。

⑥当时的制作版本让导演也有遗憾，此次他<u>力图</u>使全剧更为<u>流畅紧凑</u>。

⑥在运送炭疽病毒期间，同样应由两人全程监控，<u>以防</u>出现<u>纰漏</u>。

⑥这一头衔<u>旨在</u>鼓励更多的女观众穿出<u>时尚</u>、穿出<u>优雅</u>，由内而外地融入马术运动。

⑥今后，我们还将继续<u>完善</u>，加强动态管理，<u>以确保</u>扶贫对象的<u>精准</u>。

需要注意的是，当评价因子不受目的计划类消解因子管辖时，其评价功能正常显现。如下面例⑥中评价因子"崛起"受到消解因子"旨在"的管辖，评价功能被消解，而评价因子"没有现实意义"则不受其管辖，评价功能正常显现；例⑥同样如此，评价因子"不利于"虽然与消解因子"试图"在句子中共现，但并不受其管辖（"试图"管辖的最远距离到"体系"），所以评价功能正常显现，句子是评价句。

⑥这种做法对于〔旨在崛起〕的中国裁判界<u>没有现实意义</u>。

⑥美国几十年来〔试图引导中国融入国际体系〕的努力已经<u>不利于</u>美国国家利益。

二、疑问询问类

表示疑问和询问的标点符号、词语或句式等。受其管辖的内容是说话人怀有疑问、不确定或无法给出明确答案的，也就是说，处于其管辖范围内的评价因子的褒贬极性"悬而未决"，评价功能不显现。包括："？"（问号）、如何、几何、怎、怎么、怎样、怎么样、哪、哪儿、哪个、哪里、哪些、哪位、哪家、哪种、不知道、能否、是否、可否、与否、有无、有没有、能不能、可能不可能、是不是、该不该、应不应该、应该不应该、可不可以、可以不可以、会不会、什么、什么样、多少、多远、多大、多长、多重、多宽、多厚、多高、何在、好坏、利弊、对错、善恶、美丑、成败、优缺点、尚不清楚、尚难判断、是……还是……、孰……孰……、评价因子＋不＋评价因子、评价因子＋啥／吗／么／没／不／没有等。

⑥⑥人与动物谁聪明？

⑥⑦谩骂空乘遭拒载 该不该叫好

⑥⑧扶持实体书店，是个好主意吗？

⑥⑨《一万年以后》是奇葩还是神作？

⑦⑩电视剧好看不好看，完全看编剧如何编故事。

⑦①动力性能是考验一辆 SUV 是否强大的重要指标。

⑦②一个国家有无朝气，看看有多少人健身就知道了。

⑦③香车美女可否相得益彰，关键是摆正香车美女的关系。

⑦④文艺品质的优良、精致与否，直接影响着社会发展的精神质感。

⑦⑤他常常琢磨的，就是怎样把故事讲好讲活，让年轻人入眼入心。

⑦⑥放眼海外，如何让展览更加吸引人，是各大博物馆都非常关心的话题。

⑦⑦我们很在意这部电影是不是好电影，是不是一部有品质、

有品位的电影。

⑱她考虑，<u>能不能</u>建立一个<u>高效便捷</u>的 O2O 模式，实现这个供求市场的沟通。

⑲至于周琦<u>何时</u>参加 NBA 选秀<u>最合适</u>，一位国内经纪人给出的判断是两年之内。

需要注意，并非所有以"？"结尾的句子都不是评价句，下面两种特殊情况需要排除在外：

第一，评价因子表示的内容是已经发生的事实。说话人只是对事实发生的原因、目的等有疑问，或是特意使用疑问语气来增强评价因子的情感强度。包括：为什么、为何、缘何、因何、意欲何为、何以、怎成、怎不、怎能不、咋能不、岂能不、怎么这么、怎能如此、哪像、哪承想、哪想到、为哪般、哪晓得等。

⑳<u>因何</u>国内的购物环境屡屡<u>令公众失望</u>？
㉑强手云集，中国高校<u>缘何</u>表现<u>抢眼</u>？
㉒线上商品价格<u>优势不再</u>，究竟<u>为何</u>？
㉓李登辉<u>大放厥词</u>意欲<u>何为</u>？
㉔<u>为什么</u> NBA 全明星赛能够<u>越办越好</u>、<u>成为盛宴</u>，而 CBA 全明星却<u>越办越糟</u>、<u>沦为鸡肋</u>？
㉕国人就是<u>做不出</u>自己的<u>大品牌</u>，这是<u>为什么</u>？
㉖思政课在大学校园<u>频遇尴尬</u>，到底<u>为哪般</u>？
㉗这样<u>实心眼</u>的靠手艺吃饭的人，<u>岂能不</u>让人<u>心生敬佩</u>？
㉘你一个小姑娘，办事<u>怎么这么没谱</u>，你们空姐都这样吗？

第二，评价因子出现在反问句中。这是一种无疑而问，说话人实际已经做出了评价，不需要听话人回答，使用反问语气只是为了使情感表达得更加强烈。此时，反问语气相当于否定因子，反问语气加否定格式就变成肯定的意思（负 × 负 = 正），如下面例⑧⑨、例⑨⓪；反问语气加肯定格式就变成否定的意思（正 × 负 = 负），如下面例⑨①、例⑨②。表示反问语气的词语或句式包括：难道、有何、怎会、怎比、怎可能、怎么可能、哪像、哪还、哪有这样、哪有这么、哪有那么、有什么 / 哪有……可言等。

⑧⑨原创公众号文章也是拥有版权的作品，收费<u>有何不可</u>？

⑨⓪当听到有记者问，"乌镇有必要办戏剧节吗？"黄磊甚至有些气愤，"在原本没有文化氛围的地方做戏剧节，<u>难道不是更有意义</u>吗？只有北京、上海才能办戏剧节吗？"

⑨①群团组织的运行模式和工作方式像行政部门，群众有话想说、有事想办总找不到人，群众<u>怎会</u>对其"<u>点赞</u>"？

⑨②作为扶贫资金的受益人，贫困民众恰恰是最没有话语权的，扶贫项目和资金均由当地官员一手操办，这样的扶贫<u>怎可能</u>真正<u>接地气</u>？

此外，"怎能、咋能、岂能"等词具有双重语用功能。当它们修饰贬义评价因子时，评价因子是已经发生的事实，同前面第一种情况，如例⑨③、例⑨④；当它们修饰褒义评价因子时，表示反问语气，相当于否定，同前面第二种情况，如例⑨⑤、例⑨⑥。

⑨③老人户口丢失，固然有其特定的历史原因，可是，有关部门怎能熟视无睹？

⑨④一位国家干部，本应具有起码的法治意识，怎能如此蔑视国家规定？

⑨⑤保健酒连自己都没有"保健"好，岂能保健于公众？

⑨⑥老师只跟孩子见了短短一面，就武断地认为孩子有恐惧症，这样的老师怎能让家长信服？

三、建议要求类

表示建议、要求的词语。其管辖的内容是说话人以一种和缓、商量的语气建议他人做某事，或以一种强硬、敦促的语气要求他人做某事。处于其管辖范围内的评价因子是说话人希望听话人将来可以做到的行为或具备的性质，但听话人是否真能做到或具备尚不确定，所以其评价功能不显现。包括：呼吁、倡议、倡导、鼓励、建议、要、需要、要求、应、应该、应当、必须、切勿。也包括位于非主谓句句首的语义前指型褒义动词或动词形容词兼类词：促进、增进、增强、推动、改善、规范、提升、提高、创新、优化、丰富、健全、完善、维护、保障、深化、细化、确保、努力实现、积极开展等。

⑨⑦他呼吁采用科学的计算方法，以确保社保缴费基准的准确性。

⑨⑧这部电影就是鼓励大家勇敢踏出去，实现梦想中的追求。

⑨⑨张晓麟建议通过深化简政、放权等行政体制改革，进一步消除束缚市场主体手脚的体制性障碍，增强市场主体创新创业的

积极性。

⑩他同时<u>倡议</u>全社会树立<u>绿色消费观</u>，<u>倡导科学、合理、安全、健康</u>的生活方式，形成崇尚自然、亲近自然、善待生命的生态文明观。

⑩各成员<u>要</u>在《联合国气候变化框架公约》下开展磋商，制定<u>合理、平衡、可持续</u>的方案，共同应对气候变化问题。

⑩电视观众对"美"有了更高要求，<u>要求</u>电视剧整体审美水平<u>提升</u>，制作比从前更<u>精致</u>、更<u>讲究</u>。

⑩剧情片很难依赖于一个概念去进行创作，它<u>需要</u>一个<u>完整</u>的故事剧本，<u>需要</u>演员的<u>精湛</u>演出。

⑩我们<u>应该</u>推动世界贸易组织第十届部长级会议取得<u>平衡</u>、<u>有意义</u>、<u>符合发展内涵</u>的成果，早日实现发展回合目标。

⑩景区门票必须"<u>取之有理，用之有道</u>"，专款专用于景区的保护和管理。

⑩推动国际社会<u>同舟共济</u>、权责共担，<u>落实联合国发展峰会</u>通过的 2030 年可持续发展议程，增强各国发展能力，改善国际发展环境，<u>优化发展伙伴关系</u>，<u>健全发展协调机制</u>，<u>努力实现均衡</u>、<u>可持续</u>发展和<u>包容性</u>增长，<u>共同走出一条公平</u>、<u>开放</u>、<u>全面</u>、<u>创新</u>的发展之路。

需要注意的是，评价因子后面出现动态助词"了"的情况需要排除在外。因为"了"表示行为已经发生、性状已经具备，此时评价因子的褒贬倾向性显现。

⑩<u>增强了</u>各国发展能力，<u>改善了</u>国际发展环境，<u>优化了</u>发展伙伴关系，<u>健全了</u>发展协调机制，<u>努力实现了</u>均衡、可持续发展

和包容性增长，共同走出了一条公平、开放、全面、创新的发展之路。（评价句）

另外，评价因子一定要处于建议要求类评价消解因子的管辖范围之内，倾向性才会被消解。

⑩他在车夫最〔需要他〕的时候退缩，缩进了道德的龟壳，宁以道德自责，也不肯出头。

评价因子"退缩"虽然与消解因子"需要"在同一小句中共现，但并不受其管辖，所以其褒贬倾向性正常显现，句子是评价句。

四、客观指涉类

指被说话人当作客观陈述对象的评价因子，或评价因子与受其修饰的抽象概括性名词组成的大颗粒度评价因子。此时评价因子与普通词语一样，只指涉其本身，不对其他对象进行评价，评价功能不显现。表示客观指涉的词语或句式包括：（1）概念界定或分类词：指、意思是、定义、界定、何为、何谓、划分、分为、分成等；（2）不定代词：有些、有个、某个、某些、多少、其他、别的等；（3）指称关涉词：对、对于、关于、针对、面对、遇到等；（4）"评价因子＋的""评价因子〔＋的/之〕＋抽象概括性名词（包含不同的层级）"：人、事物、事情、现象、行为、做法、状态、时间、地点等（第一层级），异性、广告、制片人、毕业生等（第二层级），电影制片人、高校毕业生等（第三层级）。

⑩"医闹"指患者、患者亲属及受雇于患者方的群体或个人，以医疗纠纷等为借口，采取威胁、伤害医护人员人身安全、侮辱医护人员人格或现场滋事、扩大事态、制造负面影响等形式严重妨碍医疗秩序的行为。

⑩领导班子年度考核和任期考核的评价等次，分为优秀、良好、一般、较差。

⑪有些缺点、短板可以迅速弥补，有些却需要较长时间来改进。

⑫干部面对腐败有三种选择：不想、不敢、不能。

⑬最近，一位省委书记发表署名文章，对当地发生的腐败现象进行了分析和思考。

⑭对于虚假广告，市食药监局有权停止其产品的销售。

⑮他从艺几十年，时常会遇到刁蛮之人。

⑯杨钰莹："我觉得这个世界上所有的事情都是缘分，所有美好珍贵的事情都是不能强求的。"

⑰可以说，腐败行为起初往往是从小处开始的。

⑱在最好的时间，最好的地点，最好的状态下，我们相遇了。

⑲通过工作社交及交友软件等途径，人们有更多机会接触到优秀、心动的异性。

⑳就他的观察而言，中国目前最缺的是年轻优秀、有国际视野的电影制片人。

㉑该项目面向全球选拔学业优秀、诚实正直、具备领导潜质的高校毕业生。

㉒脱贫攻坚期内贫困县县级领导班子要保持稳定，表现优秀的可以就地提级。

"评价因子+的""评价因子［+的/之］+抽象概括性名词"用于客观指涉某类事物，虽然这是一类带有褒贬色彩的比较特殊的事物，但只要句子中没有出现属于该类事物集合中的具体事物，其在句子中的语用功能就和普通词语一样，只具有客观指称功能，不具有评价功能，如上面例⑬至例⑫。

这样经过扩充之后，评价消解因子本体库总共包含七种语义类型（types）——主观愿望类、主观猜度类、假设让步类、目的计划类、疑问询问类、建议要求类、客观指涉类，我们把每一类型的具体词语（tokens）添加到语义词典中，并赋予其评价消解的语义标记 xjc，然后制定"评价消解因子+评价因子=非评价句"的评价消解规则，取消受评价消解因子管辖的评价因子的褒贬倾向性，从而过滤掉包含评价因子但并不表达评价意义的"伪评价句"，提升系统评价句识别的准确率。

第四节　本章小结

本章主要针对当前评价句识别任务中评价词汇本体库收词不准确、词典未登录评价因子识别效果较差、评价消解因子类型不全三个主要问题进行了研究。对评价因子和容易与之混淆的概念因子进行了明确区分，构建了专门面向倾向性分析的评价词汇本体库；对评价因子的语境特征进行了考察，提出了基于上下文词性和词义规则模型的词典未登录评价因子识别机制；对评价消解因子的语义类型进行了扩充，增强了系统对包含评价因子但并不表达评价意义的"伪评价句"的辨别能力。通过分析研究，得出如下结论：

（1）褒贬倾向性是评价因子的根本性区别特征。评价因子与容易与之混淆的几类概念因子的特征对比如下：

表 2.4　概念特征对比

概念名称		概念特征
情感因子	评价因子	［＋主观情感，＋外界刺激造成，＋褒贬倾向］
	情绪因子	［＋主观情感，＋外界刺激造成，－褒贬倾向］
评价因子		［＋主观范畴，＋内心世界，＋概念意义是褒贬倾向，＋没有内涵意义］
带有正面或负面内涵意义的因子		［＋客观范畴，＋外部世界，＋概念意义是客观指称，＋内涵意义是褒贬倾向］
评价因子		［＋源自说话人，＋主观依赖性，＋形容词、动词为主，＋褒贬倾向，－主观期望］
品质属性因子		［＋源自事物本身，＋客观独立性，＋抽象名词，－褒贬倾向，＋主观期望］

（2）基于评价因子上下文语境特点的考察，提出了三类识别词典未登录评价因子的话语模：①程度副词＋××，②动词＋得＋××，××＋地＋动词，③评价因子＋并列词/转折词＋××，××＋并列词/转折词＋评价因子。

（3）构建起包含主观愿望类、主观猜度类、假设让步类、目的计划类、疑问询问类、建议要求类、客观指涉类七种语义类型的评价消解因子本体库。

第三章

褒贬极性判定研究

评价句识别完成的是评价句与非评价句的二元分类，它可以告诉我们语料中的哪些句子是带有评价意义的，但我们并不知道带有评价意义的句子是褒义、贬义抑或褒贬二义兼有。一个具有实用价值的评价分析系统，除了可以告诉用户哪些句子包含说话者的主观评价，还应该告诉用户说话者在句子中表达的是何种类型的评价。例如：用户想要预测哪一位总统候选人会在竞选中获胜，系统应该告诉用户在所收集的选民意见中哪一位候选人获得的支持率最高；用户想要了解某一部影片是否值得观看，系统应该告诉用户观看过该影片的观众对影片的评论是好评多还是差评多；文献声誉评测人员要对某篇论文的学术声誉进行评测，系统应告诉评测人员引用过该论文的作者对论文观点持赞成态度还是批评态度。因此，在识别出混合文本中的评价句之后，有必要进一步对其褒贬极性做出判定。

评价因子在句子中的褒贬极性未必是其在词典中的褒贬极性。当评价因子与否定因子共现并受到其管辖时，极性会发生翻转，即：由褒义变为贬义，由贬义变为褒义。当两个或多个褒义和贬义评价因子同时出现在句子中时，则需要判断其中哪一个评价因子是说话人所要表达的语义焦点，抑或各评价因子的地位同等重要，句子极性为褒贬混合。评价因子在句子中的出现情形及相应的句子褒贬极性包括以下六种基本类型：

（1）句中只有一个评价因子且没有否定因子：句子极性 = 评价因子极性。

（2）句中只有一个评价因子且有否定因子：句子极性 = 否定处理后评价因子极性。

（3）句中有 ≥ 两个极性相同的评价因子且没有否定因子：

句子极性＝评价因子极性。

（4）句中有≥两个极性相同的评价因子且有否定因子：若否定处理后各评价因子极性相同，句子极性＝否定处理后评价因子极性。若否定处理后各评价因子极性不同，需进一步判断是否存在某一评价因子是说话人所要表达的语义焦点：若存在，句子极性＝语义焦点评价因子极性；若不存在，则各评价因子地位同等重要，句子极性＝褒贬混合。

（5）句中有≥两个极性不同的评价因子且没有否定因子：若存在某一评价因子是说话人所要表达的语义焦点，句子极性＝语义焦点评价因子极性；若不存在，句子极性＝褒贬混合。

（6）句中有≥两个极性不同的评价因子且有否定因子：若否定处理后各评价因子极性相同，句子极性＝否定处理后评价因子极性。若否定处理后各评价因子极性不同，需进一步判断是否存在某一评价因子是说话人所要表达的语义焦点：若存在，句子极性＝语义焦点评价因子极性；若不存在，则各评价因子地位同等重要，句子极性＝褒贬混合。

由此可见，句子褒贬极性判定的关键是否定情况的处理和褒贬因子共现情况下语义焦点的判断。在当前中文评价分析的各项任务中，句子褒贬极性判定任务的完成效果是最好的，人们已经对否定情况和褒贬因子共现情况做过许多研究，不过也存在两个尚未涉及的深层语义问题：一是评价因子虽然与否定因子共现但并不受其管辖，极性不发生翻转的情况；二是褒贬评价因子共现句中不包含转折词、总结词等显性语义焦点标记时，语义焦点该如何判断的问题。本章将围绕这两个深层问题展开研究，通过考察分析语料，寻找判断否定因子是否管辖评价因子的相关语言特征；寻找褒贬因子共现句的语义焦点位置分布相关特征；另外，整理汇总与完善补充已有研究成果，构建一部收词较为完备的褒贬极性判定外围特征本体库（主要包括否定词表、转折词表、总结词表），为褒贬极性判定提供更为丰富的词汇基础资源支撑。

第一节　否定因子语义管辖范围

否定因子是指具有否定意义的词语，包括否定动词（"无、非、缺少、缺乏"等）、否定副词（"不、未、无法、尚未"等）以及动词副词兼类否定词（"没、没有"等）三种基本类型。否定因子具有使处于其管辖范围内的评价因子的褒贬极性发生翻转的功能。例如：

①对她而言，单身生活一点［没有<u>精彩</u>之处］。
②其实昨晚大部分时间内，老马并［没有太多<u>亮眼</u>的表现］，老马半场只拿到 5 分。
③"穷人的孩子早当家"，虽是家中独子，孟瑞鹏身上却［没有独生子的<u>娇惯</u>和<u>任性</u>］。
④有些人认为动物是比人类低等级的存在，因此［对动物连起码的<u>尊重</u>都没有］。
⑤华语电影一年到头也选不出几部好的，内地更是［连一个<u>像模像样</u>的专业电影奖项都没有］。
⑥他并［没有写一本<u>枯燥</u>的昆虫百科全书］，而是用漫画的

形式书写"酷虫学校"。

⑦日本战后大多数内阁并［没有正确认识那场战争］。

⑧迎来而立之年的上海车展［没有辜负各界的期望］，让车回归为车展主角，让汽车文化更有文化，让理性的光芒尽情绽放。

⑨住房公积金一直就［没有用好］，很多人用不了，有一些人却利用住房公积金做投资。

⑩他多次投诉，卖家却玩起"躲猫猫"，淘宝也迟迟［没有给出满意的解决方案］。

⑪运行多年以来，中国的陪审制度远［没有电影中表现得那么精彩］。

⑫"减产保价"这一次［没有被欧佩克视为应对国际油价走低的良方］。

上述例句均包含评价因子，并且评价因子受到否定因子"没有"的语义管辖，褒贬极性发生翻转。即："否定因子+受否定因子管辖的评价因子"或"受否定因子管辖的评价因子+否定因子"的极性＝评价因子的词典极性×（−1）。不过，"语义管辖"这一概念绝非简单地等同于"共现"，下文将以兼类词"没、没有"为例，对否定动词、否定副词的语义管辖范围以及否定消解因子分别进行论述。

一、否定动词语义管辖范围

下面例句中的评价因子虽然与否定动词"没、没有"共现，但并不受其语义管辖，褒贬极性不发生变化：

⑬［没有自来水］实在不方便。（动宾短语做主语）

⑭与没有赞助相比，［没有像样的团队］更致命。（动宾短语做主语）

⑮我国对个股跌幅与融券业务之间［没有熔断机制］也是一大缺陷，也就是说即便个股跌死，你也可以无限融券做空。（动宾短语做谓语）

⑯当前高中课程体系最大的缺陷就是课程水平［没有差异］，所有高中生学的一样，考的一样，甚至进度也一样。（动宾短语做谓语）

⑰我个人认为，对于公共事件和刑事案件，网友有质疑总比［没有质疑］要好。（动宾短语做宾语）

⑱［没有理论指导］的活动是盲目的，［没有实践基础］的理论是空洞的。（动宾短语做定语）

⑲这些真实形象让［没有演员］的影片变得丰富生动。（动宾短语做定语）

⑳现代医学是一种功利而残忍的发明，虽然带来了很多人类看得到的益处，但也产生了很多人们［没办法］看得到的弊端。（动宾短语做状语）

㉑如此生存环境下，体量较小、［没有足够资本］买票房和进行返点的文艺片只能成为排片的牺牲品。（动宾短语做状语）

㉒《芈月传》首播当日双平台收视破1.5，第二日双平台收视破2，首日网络流量3.67亿，彪悍到［没朋友］。（动宾短语做补语）

㉓中国邮政1月10日刚发行中国首套《拜年》特种邮票1套1枚，发行［没多少时间］的拜年邮票的市场表现非常强劲。（动宾短语做补语）

中文评价本体研究及系统应用

㉔像张小鹿这样的糊涂青年永远是乐呵呵的，他们具有［常人没有］的**强大**的心理承受能力。（主谓短语做定语）

㉕中华艺术宫3个精心策划的展览遇冷，而［一幅真迹都没有］的梵高艺术大展却**风生水起**。（主谓短语做定语）

㉖DX7所搭载的行车配置——SEMI-II系统，操作便捷，支持手写，这个绝对"**高大上**"的配置是［同级SUV车型中绝对没有］的。（主谓短语做宾语）

㉗人都是有感情的，［没有］的人是纯粹的**王八蛋**。（单独做定语）

通过考察分析语料，归纳得出如下结论：（1）当"没、没有"后面带宾语组成动宾短语时，无论动宾短语在句子中充当何种句法成分（主语、谓语、宾语、定语、状语、补语），其语义管辖范围都只是其宾语；当评价因子出现在宾语中时极性翻转（例①至例③）；当评价因子出现在非宾语中时极性不变（例⑬至例㉓）。（2）当"没、没有"前面带主语（后面不带宾语）组成主谓短语时，其语义管辖范围只是其主语；当评价因子出现在主语中时极性翻转（例④、例⑤）；当评价因子出现在非主语中时极性不变（例㉔至例㉖）。（3）当"没、没有"后面没带宾语、前面没带主语，单独做定语时，句中的评价因子不受管辖，极性不变（例㉗）。

有一种特殊情况是兼语句，即当"没、没有"的宾语兼做后一谓语的主语时，"没、没有"的语义管辖范围不只是其宾语，而是后面整个主谓短语，出现在主谓短语中的评价因子的极性发生翻转（例㉘至例㉚）：

㉘上赛季一度领跑中超，联赛收官时却四大皆空，［没有一个北京球迷会对此<u>满意</u>］。

㉙缺少母爱的强强每次放学回家都是"一路骂人"，［没有小朋友<u>喜欢</u>跟他一起玩儿］。

㉚在北京知青圈子里，聊起毛大姐身残志坚的故事，几乎［没人<u>不挑大拇指</u>］。

"无、非、缺少、缺乏"等其他否定动词的语义管辖范围与否定动词"没、没有"保持一致，不再赘述。

二、否定副词语义管辖范围

下面例句中的评价因子虽然与否定副词"没、没有"共现，但并不受其语义管辖，褒贬极性不发生变化：

㉛［没有发展出大规模的劳动密集型产业］是当前印度就业领域的<u>软肋</u>。（状中短语做主语）

㉜面条来得挺慢，［没点凉菜］明显<u>失策</u>，准备掏手机刷屏。（状中短语做主语）

㉝他们认为美国［没有加入亚投行］是一个巨大的<u>错误</u>。（状中短语做谓语）

㉞这部影片还［没有上映］就已经收获了<u>很好</u>的评价。（状中短语做谓语）

㉟上过大学的年轻人比［没上过大学］的发展得<u>更好</u>。（状中短语做宾语）

第三章　褒贬极性判定研究

㉟该卫生间内的洗手池附近积水较多，因［没及时清理］显得较脏。（状中短语做宾语）

㉛既解决了问题又化解了两家的矛盾，这位［没有留下名字］的祝知府真是个天才。（状中短语做定语）

㊳在救援现场，也有领导当场指出，发生事故的工厂在［没有倒塌］的地方存在着违法搭建的问题。（状中短语做定语）

㊴正像掐我的读者所说的那样，我真是懒到都［没有化用或者改字］，直接复制粘贴了。（状中短语做补语）

㊵互联网时代，传销也升级，用电子商务、微信营销、互联网慈善等方式巧妙包装，忽悠你［没商量］。（状中短语做补语）

通过考察分析语料，归纳得出如下结论：当"没、没有"做状语修饰谓词（动词、形容词）性中心语构成状中短语时，无论状中短语在句子中充当何种句法成分（主语、谓语、宾语、定语、补语），其语义管辖范围都只是中心语；当评价因子出现在中心语时极性翻转（例⑥至例⑫）；当评价因子出现在非中心语时极性不变（例㉛至例㊵）。

有一种特殊情况是存现句，即当"没、没有"做状语修饰存现类动词（"存在、形成、发生、到来、出现、显现、体现、实现、展现、发现"等）构成状中短语在句子中做谓语时，其语义管辖范围不只是后面的中心语，也包括前面的主语，出现在主语中的评价因子极性发生翻转（例㊶至例㊸）。

㊶［广电网与通信网在宽带方面的有效竞争还没有真正形成］。

㊷边路向来是最能发挥中国女足特点的区域，上半场［这种

快灵没有展现出来]。

㊸行业协会也只是停留在表面，[同行之间的<u>互动团结</u>、<u>合理竞争</u>没有实现]。

"不、未、无法、尚未"等其他否定副词的语义管辖范围与否定副词"没、没有"保持一致，不再赘述。

这样，我们便明确了否定动词和否定副词这两类否定因子各自的语义管辖范围，根据与之共现的评价因子是否处于其管辖范围内，决定评价因子的褒贬极性是否需做翻转处理。

三、否定消解因子

否定消解因子是指具有取消否定因子的否定功能的词语和句式。否定因子 + 否定消解因子 = 肯定因子，如果管辖评价因子的否定因子受到否定消解因子的管辖，评价因子的褒贬极性不发生翻转，即：否定因子 + 否定消解因子 + 评价因子 = 肯定因子 + 评价因子 = 评价因子。否定消解因子主要包括剧情反转类、极比平比类、停止变化类、现实虚拟类四种语义类型。

1. 剧情反转类

指与否定因子组合搭配之后表示实际情况与先前预期出现反差的词语。受否定因子管辖的评价因子虽然在意料之外，但却是实际发生的情况，褒贬极性不翻转。例如：没 / 没有 + 想到 / 料到 / 预料到 / 预测到 / 承想 / 意识到 / 认识到 / 忘记。

㊹一位创业者告诉《中国青年报》记者，原本以为见到总理

会很严肃，[没想到总理就像邻家"大叔"一样亲切]。

㊺他们表示，一直认为中国是一个古老的文化大国，[没有想到中国这么现代，有这么好的科技]。

㊻真[没料到学校在孩子参保方面也这么势利]，"偏爱"的背后有着怎样的目的？想想都令人心寒。

㊼绝大多数媒体[没有料到菜鸟主帅史蒂夫·科尔如此神奇]。

㊽这些专家和机构事先对这种转折点的来临预测不够准确，具体表现就是[没有预测到中国经济指标在6月份普遍出现好转]。

㊾原本指望荷兰人可以带队走出低迷，[没承想曼联下行轨迹依然明显]。

㊿不少读者坦言，家庭聚会时，亲戚里的男孩喝上几口，通常都是很平常的事，"从来[没有意识到喝酒会对未成年人的身心带来巨大伤害]"。

51大多数人还[没有认识到麻将是中国传统文化宝库中不可多得的宝贵遗产]。

52从这些资助可以看出，法国政府和人民并[没有忘记一战华工的贡献]。

上述例句中的评价因子虽然受到否定因子"没/没有"的语义管辖，但由于否定因子又受到剧情反转类否定消解因子的管辖，其否定功能被取消掉，评价因子的极性不发生翻转。

2. 极比平比类

指与否定因子组合搭配构成极比或平比句式的词语。受否定因子管辖的评价因子因处于极比、平比的语义框架内，褒贬极性不发生翻转。例如：没有比＋更／再／还，没／没有＋动词＋过＋［有］比＋更／再／还，没／没有＋动词＋过＋这样／这么／这般／如此，从／从来＋没／没有＋这样／这么／这般／如此，和／跟／与＋没／没有＋区别／分别／差别／差异／不同／两样／不一样。

㊾在整个俄亥俄州［没有比哈丁更受尊敬］的精神病医生了。

㊿阿婆先是摇摇头，说，可别看不起窖藏雨水，城里再贵再高级的矿泉水纯净水，这水那水，［没见过有比窖藏雨水熬粥更香更甜］的了，自来水就更别提。

⑤王老汉非常感激，含着泪说："我［从来没有见到过像你们这样的好警察］啊！"

⑤我做了30多年的化工工作，检查过无数的加油站，［没见过有安全生产条件这么差的加油站］。

⑤尼泊尔总统亚达夫表示，亚洲［从来没有像今天这样充满活力、希望和进步］。

⑤被"打懵"了的官兵们议论纷纷："蓝军是从哪里冒出来的？""炮弹都还没打出去，［从来没有打过这么窝火的仗］！"

⑤在有能力承担保险的前提下，［这种做法其实跟诈骗没有区别］。

⑥［你们跟街上的混蛋没什么两样］！

上述例句中的评价因子虽然受到否定因子的语义管辖，褒贬极性却并未发生翻转。这是因为例㊾至例⑤中的评价因子处于极比语义框架内，表示评价对象在某一共时或历时的比较范围内性质是最优或最劣的，没有可以与之相比的对象，真正受"没/没有"管辖的是空缺的比较基准，而非作为比较结果的评价因子；例⑤⑨、例⑥⓪中的评价因子处于平比语义框架内，表示比较主体和比较基准的性质同等优劣，没有差异，平比句式实际相当于肯定句式，评价因子的极性不发生翻转。

3. 停止变化类

指具有"停止"或"变化"语义特征的词语。否定因子与停止变化类词语相搭配，表示事物继续维持先前的性质或状态，评价因子的褒贬极性不发生翻转。例如：没/没有+停止/停下/停息/中断/间断/断/断绝/结束/止住/阻止/阻挡/丢/丢掉/丢失/失去/褪去/走出/消亡/消退/消失/消解/消除/销蚀/限制住/摆脱/脱离/逃离/逃掉/逃出/逃脱/逃过/避开/解决/化解/克服/放弃/改/变/改变/变化/改掉/放松/动摇/缓解/扭转/触及/稀释/少/减少/挽救/挽回/跳出/影响/掩盖/掩饰。

⑥① 多年来，十四世达赖集团为实现"西藏独立"，始终 [没有停止在藏族和中国其他民族之间制造隔阂和矛盾，挑拨离间民族关系，煽动民族仇恨]。

⑥② 无论经济再发展、科技再发达、社会再进步，劳动的力量依然 [没有失去她的光荣]，依然 [没有褪去她的光彩]。

⑥③ 尽管我和元奎、元彪在动作戏上用尽了全力，但是也 [没有阻止这部电影失败的命运]。

⑥④ 尽管放开价格已近 10 年，北京物业行业仍然 [没有走出恶性循环]。

(65)说起来中国目前的一批商界风云人物创业少说也有十来年了，也积攒了巨量的财富，但很多人似乎仍然［没有摆脱原始积累时的低级手段］。

(66)苹果不太可能像特斯拉那样建那么大规模的装配厂、电池厂，这些都是特斯拉［没有脱离俗套的地方］。

(67)人们之所以有着根深蒂固的“牛市看空”不安情绪，就在于股市始终［没有解决结构性缺陷］。

(68)虽然南航后期做出了解释和道歉，但还是［没有化解民众对南航的不满］。

(69)虽然齐白石对吴昌硕的“皮毛”说耿耿于怀，但他并［没有因此而改变对吴昌硕艺术的崇敬］。

(70)迫于舆论压力做出的提速降费，并［没有触及三大运营商畸形利益思维的根本］，依然需要通过大刀阔斧的改革。

(71)即使右手被烫出大泡，起了厚厚的茧也丝毫［没有动摇孟剑锋精益求精、不断超越与追求极致的决心］。

(72)英国这些年，［没少吃美国的哑巴亏］。

(73)整体豪华车市场增速放缓的大背景，并［没有影响戴雷对中国市场的信心］。

(74)不过，竞技实力的差距，并［没有掩盖中国田径选手的光芒］。

上述例句中的评价因子虽然受到否定因子“没 / 没有”的语义管辖，但由于否定因子又受到停止变化类否定消解因子的管辖，其否定功能被取消，评价因子的极性不发生翻转。

4. 现实虚拟类

指把已经发生或存在的现实情况虚拟成没有发生或不存在

的假想情况的句式。虚拟化的修辞作用是突出强调。例如：［如果/要是/假如/若/倘若］没有+就没有/不可能/将无法/是难以/不会/将。

(75)阿卜力孜·麦提玉素普在发言中激动地说："挖过井的人最懂得水的珍贵，［没有党和政府的好政策，就没有今天的幸福生活］。"

(76)［如果没有该法，就没有美国今天科技创新层出不穷的繁荣局面］。

(77)［没有改革开放，我们就不可能有今天这样的大好局面］。

(78)朱昌都感叹，［如果没有李光耀，新加坡确实不可能从昔日的弹丸小国成为今日的东南亚强国］。

(79)特恩布尔说："［没有中国面对日本侵略者的坚韧和勇气，我们的战争历史将以完全不同的形式结束］。"

(80)联合国秘书长潘基文曾多次表示，［没有中国的出色表现，全球落实千年发展目标将无法达到今天的成就］。

(81)［要是没有成百上千万背井离乡的中国南北移民的多年来的辛勤劳动，上海今天的繁荣也是难以发生的］。

上述例句中的否定因子"没有"与相关词语组合搭配，构成现实虚拟句式。评价因子字面上受到否定因子管辖，表示并未发生或存在；实际上，说话人是故意把已经发生的情况或存在的事物假设让步为尚未发生或不存在，然后说明会出现何种结果，借以突出强调已发生情况或已存在事物对结果的重大意义和影响，采用虚拟是为了强化现实的重要性。

这样，我们就建立起包括剧情反转类、极比平比类、停止变化类、现实虚拟类四种语义类型（types）的否定消解因子本体库。我们把每一类型的具体词语（tokens）添加到语义词典中，并赋予其否定消解的语义标记 fxj，然后制定"否定因子 + 否定消解因子 + 评价因子 = 评价因子"的否定消解规则，取消受否定消解因子管辖的否定因子的否定功能，使受否定因子管辖的评价因子的褒贬极性维持其在词典中的极性不变，从而提升系统否定评价句褒贬极性判定的准确率。

第二节　褒贬因子共现句语义焦点分布规律

当两个或多个褒义和贬义评价因子同时在句子中出现时，语义焦点的有无判断与位置确定可以借助转折词、总结词等显性语义焦点标记，但在很多情况下是无显性标记的，这时需要对说话人的说话方式、话语结构进行考察分析。其中，语义焦点有无的判断，与评价因子之间是否具有句法关系有关；语义焦点位置的确定，与评价因子之间具有何种句法关系有关。

一、无语义焦点

当句子中的褒贬评价因子之间不具有句法关系时，它们彼此独立、互不干涉，通常可以做出如下判断：各评价因子地位同等重要，不存在语义焦点，句子极性为褒贬混合。

(82)#魔境仙踪#特效超棒，情节超烂。

(83)#洗碗工留剩菜被开除#好伟大的妈妈，好可恶的老板!

(84)#六六叫板小三#支持六六，打倒小三。

(85)#苹果封杀360#腾讯换成是战争年代就是叛徒，苹果是侵略者，支持360。

(86)#国旗下讨伐教育制度#教育制度的弊端是确实存在的，他勇敢地说出了我们的心声，真的很有勇气。

(87)买车不要买伊兰特，这车中看不中用，还是买菱帅、凯跃车，既耐用又大方。

(88)社会在发展，人却在退步；制度在完善，人性在缺失。

上述例句中的褒贬评价因子分属不同的小句，指向不同的评价对象，彼此不具有句法关系，地位均等，各自独立，不存在焦点评价因子，因此句子极性为褒贬混合。

二、语义焦点在后

当褒贬评价因子之间具有如下几种句法关系时，位置在后的评价因子是说话人所要表达的语义焦点。

1. 主谓关系

主语是被陈述的对象，谓语是用来陈述主语的，即对主语的性质、状态等进行判断、描写与说明。“主语+谓语”句法关系对应的语义关系是“谁/什么+是什么/怎么样”，后面内容对前面内容做出主观判定，是说话人所要表达的语义焦点。

⑧⑨#官员调研#官员调研借记者之名，这馊主意 || 不错。

⑨⓪#三亚春节宰客#令人向往的旅游胜地 || 原来也有这么令人激愤的恶劣事件！

⑨①从单个企业来说，追求暴利 || 无可厚非。

⑨②他的聪明 || 都用到搞歪门邪道上了！

⑨③目前，雾霾的恶性状态 || 已经明显好转。

⑨④每次遇到这样不遵守交通秩序的事，我都后悔自己回来，都由衷地觉得有些人的地域歧视 || 很有道理。

⑨⑤伟大的政府 || 你除了溜须拍马，搞点鼓掌文化，你还会什么？

⑨⑥蛮好的史诗故事被本田拿来做车款名称 || 就觉得恶心了。

⑨⑦文章出轨，黄海波嫖娼，娱乐圈众多好男人 || 一夜之间沦为渣男，令人不胜唏嘘。

上述例句中共现的褒贬评价因子分属主语和谓语，谓语中的评价因子对主语中的评价因子进行陈述，是说话人所要表达的语义焦点，是整个句子的情感倾向。

2. 中补关系

后面的补语成分从程度、结果、情态等方面对前面的动词、形容词性中心语成分进行补充和说明。补语中的评价因子用以回答中心语中的评价因子"怎么样"，是说话人所要表达的语义焦点。

⑨⑧撞民房淡定煲电话 网友：货车师傅淡定〈过了头〉！

⑨⑨最近，以外貌做卖点的她以一袭"罗莉装"出席某活动，几乎就在新闻报道出现在网络上的同时，就有不少网友回帖攻击

第三章 褒贬极性判定研究

她："腿这么粗，美个〈屁〉！"

⑩就他这张脸也敢自称长得帅？帅个〈毛线〉啊！

⑩在这样的"取景器"里，"看世界"很美，但美得〈有些失真〉。

⑩她想跟萧红做朋友，在她心中萧红一直傻得〈可爱〉。

⑩#三亚春节宰客#宰〈对〉了，平民百姓能去玩吗，评论啥啊。

上述例句中共现的褒贬评价因子分属中心语和补语，补语中的评价因子对主语中的评价因子进行补充或说明，是说话人真正想要表达的语义焦点，即整个句子的情感倾向。

3. 特殊句式

特殊句式主要包括表示处置、致使、目的、关涉、比较、双宾六种意义的句式。其中，处置和致使句式又包括两种下位类型：（1）处置者 / 致使者 + 引导词"把 / 使 / 使得 / 致使"等 + 被处置者 / 被致使者 + 处置结果 / 致使结果；（2）被处置者 / 被致使者 + 引导词"被 / 受 / 受到"等 + 处置者 / 致使者 + 处置结果 / 致使结果，处置结果 / 致使结果中的评价因子是说话人旨在表达的语义焦点。目的句式的句法结构是〔表示目的的介词"为 / 为了"等 + 宾语〕+ 中心语，关涉句式的句法结构是〔表示关涉对象的介词"对 / 对于"等 + 宾语〕+ 中心语，比较句式的句法结构是〔表示比较的介词"比 / 较 / 对比 / 比起 / 相比 / 相比较 / 相较于 / 相对于"等 + 宾语〕+ 中心语，中心语中的评价因子是说话人旨在表达的语义焦点。双宾句式的句法结构是：引导词"给 / 给予 / 借 / 教"等 + 间接宾语 + 直接宾语，直接宾语中的评价因子是说话人旨在表达的语义焦点。

⑭ #就业季#扩招使得当年的<u>天之骄子</u>成了<u>高不成低不就</u>的一群人！

⑮ 10款出来之后，〔把本来<u>简洁</u>、<u>大方</u>的车头〕<u>画蛇添足</u>，感觉繁琐。

⑯他十来岁时就<u>才华出众</u>，只因〔被人们的<u>称赞</u>〕<u>冲昏了头脑</u>，最终印证了"小时了了，大未必佳"这句古语。

⑰有的节目〔为了追求戏剧化效果〕，故意<u>弄虚作假</u>、<u>哗众取宠</u>，设计一些违背生活逻辑，与日常生活经验反差较大的<u>低级噱头</u>。

⑱任何<u>头脑发热</u>、<u>不切实际</u>、<u>推倒重来</u>的做法，都会〔对刚刚<u>起势</u>的北汽排球〕带来<u>不利</u>的影响。

⑲随奖状另附一份奖学金，以资奖励，〔比<u>枯燥无味</u>的广告文字〕<u>深入人心</u>。

⑳ #日本马桶盖杭州造#给那些叫嚷日本货<u>便宜</u>又<u>好用</u>的专家一记<u>响亮的耳光</u>！

上述例句中共现的褒贬评价因子充当不同的语义角色，位置在后的"处置结果、中心语、直接宾语"语义角色中的评价因子，对前面语义角色中的评价因子做出"再评价"，是说话人真正所要表达的语义焦点，即整个句子的情感倾向。

三、语义焦点在前

当褒贬评价因子之间具有如下几种句法关系时，位置在前的评价因子是说话人所要表达的语义焦点。

1. 动宾关系

前一评价因子词性是及物动词，在句子中做动语，后一评价因子充当其宾语成分。动宾关系表示某一主体做出某种动作行为或发表某种认知评判，"动语＋宾语"句法关系对应的语义关系是"支配＋被支配""认知＋被认知"。整个动作行为、心理认知的性质是褒还是贬，取决于占支配、认知地位的动语性质的褒贬，即整个动宾短语的语义焦点在前。

⑪<u>看不起</u> | 广本那股 <u>NB</u> 的样子！

⑫香港最新民调显示：年轻人<u>赞成</u> | <u>激进</u>手段改变现状。

⑬我们<u>不能埋怨</u> | 蒙牛给内地供应<u>较差</u>的产品，而是要看到内地的法律建设很<u>匮乏</u>。

⑭职称评定的种种限制让年龄大、教龄长的教师失去晋升资格，<u>伤害了</u> | 大批<u>默默奉献</u>的农村教师。

⑮＃国旗下讨伐教育制度＃分数和博弈，<u>扭曲了</u> | 学生内心本来的<u>平衡</u>。

⑯＃中国教师收入全球几垫底＃真是<u>玷污了</u> | 这<u>神圣</u>的职业啊。

⑰＃曼联 VS 皇马＃裁判<u>毁了</u> | 一场<u>精彩</u>的比赛，更<u>毁了</u> | 曼联的<u>伟业</u>！

上述例句中共现的褒贬评价因子分做动语和宾语，动语评价因子对宾语评价因子做出"再评价"，是说话人真正所要表达的语义焦点，即整个句子的情感倾向。

2. 定中关系

"定语＋中心语"句法关系对应的语义关系是"修饰限制成

分＋被修饰限制成分"，定语评价因子对中心语评价因子的性质、状态进行描写和判断，回答中心语是"什么样的"。定语评价因子是说话人旨在表达的语义焦点，整个定中短语的褒贬极性取决于定语评价因子的褒贬极性。

⑱大众、一汽，世界造车业的（<u>垃圾</u>）<u>典范</u>。

⑲通过这种业务结构等方面的"巧妙转换"，诸如脸书之类的大公司可以轻而易举地实施逃税，难怪英国《独立报》慨叹说："英国简直成了外国大公司的（<u>逃税</u>）<u>天堂</u>。"

⑳关于孙楠临时退赛，只有一个感觉：（<u>中国式京瘪子</u>）的<u>智慧</u>，看不起他。

㉑年轻人拼命挤公交去上班，大爷们拼命挤公交去买菜遛弯，上班高峰挤不上来，老人家大发雷霆，我上不去你们就别走！越来越多的老年人被冠上了（<u>倚老卖老</u>）的<u>光荣称号</u>。

㉒货车侧翻附近村民哄抢苹果 交警为减少司机损失说（<u>善意</u>）的<u>谎言</u>

㉓他们解释说，"有些事情纯属无奈，艺人的合约都是提前定的，不能单方面毁约。娜拉由于失声假唱也算是一种（<u>善意</u>）的<u>欺骗</u>吧"。

上述例句中共现的褒贬评价因子分属定语和中心语，定语中的评价因子对中心语中的评价因子的性质、状态做出"再评价"，是说话人真正所要表达的语义焦点，即整个句子的情感倾向。

3. 状中关系

定中关系是名词性的，状中关系是谓词性的，两者语法类型不同，但语义类型基本一致。"状语＋中心语"句法关系对应的语义关系也是"修饰限制成分＋被修饰限制成分"，状语评价因子从情态、方式等方面对中心语评价因子进行修饰判定，回答中心语是"怎样地"。状语评价因子是说话人旨在表达的语义焦点，整个状中短语的褒贬极性取决于状语评价因子的褒贬极性。

⑫④个体的权利觉醒、勇敢与担当，〔悲哀〕地沦为一个有趣、有料的谈资。

⑫⑤一些人把道路当作自家后院，把自己的路权〔盲目〕地视作神圣不可侵犯。

⑫⑥在庭审中，德尔罗萨里奥还〔毫无底线〕地宣称菲方发起仲裁的目的是为了"维护同中国这个朋友的珍贵友谊"。

⑫⑦为了揭示那些发国难财、醉生梦死者的灵魂，朱今明采用了软调子造型，〔恰到好处〕地描绘了他们糜烂的生活气氛。

⑫⑧片面的精神食粮只能〔片面〕地滋养心灵，而真实生活并非都是充满阳光的。

⑫⑨英国人〔错误〕地以为自己的战巡性能良好，没有问题。

⑬⓪只有马克思主义才能〔合理〕地解释目前的这种混乱局面。

上述例句中共现的褒贬评价因子分属状语和中心语，状语评价因子从情态、方式等方面对中心语评价因子做出"再评价"，是说话人真正所要表达的语义焦点，即整个句子的情感倾向。

基于上述分析，褒贬因子共现句语义焦点分布规律可归纳概括如下：（1）当褒贬因子不具有任何句法关系，且句子中没有转折词、总结词等显性标记时，不存在语义焦点，句子极性为褒贬混合；（2）

当褒贬因子具有主谓关系、动宾关系或处于处置、致使、目的、关涉、比较、双宾六种语义框架内时，语义焦点在后，句子极性等于位置靠后评价因子的极性；（3）当褒贬因子具有动宾关系、定中关系、状中关系时，语义焦点在前，句子极性等于位置靠前评价因子的极性。

中文评价句句法结构和语义焦点之间的对应规律，论证了戈德伯格（Goldberg）构式（形义配对体）语法的相关理论："句法与语义不可分割，句法本身是有意义的，特定的句法结构对应特定的语义关系。"[58] 同时，我们也发现，句法核心和语义核心并非总保持一致：对于主谓、动宾关系而言，句法核心（谓语、动语）同时也是语义核心；对于定中、状中、中补关系而言，句法核心（中心语）并不是语义核心，修饰限定、补充说明成分才是语义核心。

第三节　褒贬极性判定外围特征本体库

判定评价句中评价因子的褒贬极性以及评价句整体的褒贬极性，除了要考虑评价因子自身的褒贬极性这项核心特征，还应考虑具有翻转评价因子褒贬极性功能的否定因子，具有语义焦点提示功能的转折词、总结词等外围特征。否定因子的语义管辖范围、隐含于句法结构中的语义焦点，主要依靠词性组合的具体模式（句法形式）来判断和识别，属于动态知识，可以通过制定相应规则来表示；否定因子、转折词和总结词等语义焦点提示词，主要通过词形来体现，属于静态知识，需将相应词语收录到语义词典中。整理汇总现有研究成果，加以补充完善，我们构建了一个收词较为完备的褒贬极性判定外围特征本体库（包括否定、转折、总结三类词），从而为褒贬极性判定提供更为丰富的词汇基础资源支撑。

表 3.1 褒贬极性判定外围特征本体库

类型	词条	总计
否定词	不、不够、不足、不尽、不很、不大、不多、不太、不甚、不会、不要、不是、不必、不曾、不能、不可能、不见得、不怎么、不到哪儿、不到哪去、不到哪儿去、不到哪里、不到哪里去、从不、绝不、也不、亦不、再也不、算不上、谈不上、看不到、没、没有、没法、没能、没怎么、从没、无、无法、无需、无须、无从谈起、毫无、非、并非、绝非、决非、也非、亦非、未、未曾、未能、未必、从未、并未、尚未、否、否认、否定、缺、缺少、缺乏、缺失、欠缺、有待、有何、谈何、何谈、从何谈起、自以为、自认为、还以为、以为自己、一扫、一扫而光、一扫而空、昙花一现、勿、毋、切勿、别、莫、甭、瞎、空、徒、休、难、难以、难道、木有、少、小、低、慢、减少、降低、下降、缓慢、停止、停下、停息、中断、间断、断、断绝、结束、止住、阻止、阻挡、丢、丢掉、丢失、失去、褪去、消失、消除、消亡、消退、消蚀、消解、限制、制止、阻止、摆脱、脱离、逃脱、逃离、逃掉、逃出、逃过、躲避、躲过、避开、避免、解决、解除、化解、克服、放弃、改、变、改变、改掉、变化、转变、放松、动摇、缓解、扭转、触及、稀释、熄灭、挽救、挽回、走出、跳出、影响、掩盖、掩饰、忘记、杜绝、颠覆、打破、所谓、貌似、乍看、不同、不像、不一样、不一致、不符、不符合、有区别、有分别、有差别、有差异、怎会、怎比、怎可能、怎么可能、哪像、哪还、哪有这样、哪有这么、哪有那么、能不能有点	187
转折词	虽、虽是、虽说、虽则、虽然、固然、纵然、尽管、不管、不论、无论、即便、即或、即使、纵使、纵然、哪怕、就算、任凭、原本、除了（让步假设关系）、但、但是、可、可是、倒是、倒也、倒算、然而、然则、不过、只不过、只是、还是、总是、都是、总、都、也、却、才、而、不料、偏偏、谁知、岂知、没想到、未料到、未曾想、不曾想、相反、反而、反倒、而是、而且、其实、事实上、实则、实际、未免、不免、好在、接着、后来、如今（转折关系）	65
总结词	因此、因而、从而、故而、故此、从此、由此、所以、总之、总体、总的、总而言之、一言以蔽之、最后、最终、终于、终究、毕竟、结果、结论、整体、大体、大致、大半、大部分、大多数、基本、根本、本质、实质、顶多、于是、也就是、也就是说、说到底、那么、可见、可知、可以判断、归根结底、归根到底、以致、以至、以至于、让、使、成、导致、致使、促使、使得、造成、成为、引发、引起、带来、带给、获得、取得、得到、证实、证明、表明、说明、显示了、显示出、反映了、反映出、反正、真是、总算是、看来、毫无疑问、十分明显、自然、当然、显然、可想而知、不难看出、看得出来、总体而言、概括说、概括地说、概括来说、概括说来、概括起来、概括讲、概括地讲、概括来讲、概括而言	90

对表 3.1 做以下几点补充说明：

（1）有些否定词属于偏向型否定词，只与褒贬因子中的一种类型相搭配时表示否定，具有极性翻转功能；与另一种类型相搭配时仅表示程度，具有情感强度增强功能。例如：（过 / 过于 / 太过 / 过分 / 过度 / 亟需 / 亟须 / 急需 / 白 / 白白 / 不够 / 不要再 / 别再 + 褒义因子）= 褒义因子 × （–1）= 贬义因子；（过 / 过于 / 太过 / 过分 / 过度 / 亟需 / 亟须 / 急需 / 白 / 白白 / 不够 / 不要再 / 别再 + 贬义因子）= 贬义因子 × （1.5）= 情感增强贬义因子。

⑬①–a 该剧情节<u>过于完美</u>，不符合生活的逻辑。

⑬①–b 目前，各个运营商在推动 4G 网络过程中都遇到了一定程度的困难，其原因就在于网络资费<u>过于昂贵</u>，使得绝大多数市民不敢轻易尝试。

⑬②–a 在中国，目前仍有 7017 万农村贫困人口，很多农村贫困地区儿童低重率和生长迟缓率约为城市地区儿童的 3–4 倍，农村儿童的营养状况<u>亟需改善</u>。

⑬②–b 他表示，乡村旅游的发展<u>亟需摒弃</u>简单的农家乐和一家一户采摘模式。

⑬③–a 我们的慈善环境还<u>不够成熟</u>，有调查数据显示，有 63.5% 的普通受访者表示，想捐助，但找不到自己可以信赖的公益渠道。

⑬③–b 抢到一个五块钱的红包，但是要绑定很多内容，我觉得还<u>不够麻烦</u>的呢！

上述例句中的"过于、亟需、不够"属于偏向型否定词，与褒义词搭配时表否定，与贬义词搭配时表程度增强。

（2）表达否定意义除了通过否定词语，还可以通过否定句式或表示反语的引号。例如：打着……幌子/旗帜、借/以……之名/名义/为名/为借口、披着/以……外衣、有什么/哪有……可言。

(134)近些年来，欧盟追随美国打着推行民主的幌子大规模干预叙利亚、利比亚等中东、北非国家事务，迫使叙利亚、利比亚等国政权更迭，难民数量陡增。

(135)部分地区的民政部门以保护个人隐私为名拒绝公开低保信息，使得低保人群的认定变得遮遮掩掩。

(136)《新安保法案》被指是日本由“专属防卫”向“主动进攻”的重要转折点，是披着和平外衣的战争法案。

(137)明明刷单现象如此普遍，刷单危害如此重大，却受不到任何约束和惩戒，这个市场还有什么公平和健康可言！

(138)霍奇森荒唐的布阵和换人，直接导致了英格兰在落后时毫无还手之力，他在输球后第一时间辞职，恐怕也是“众望所归”。

上述例句中的评价因子处于表示否定的句式框架和表示反语的引号（“”）的管辖范围内，我们通过制定否定句式+评价因子=评价因子×（–1）、左引号（“）+评价因子+右引号（”）=评价因子×（–1）的否定处理规则，对否定句式和引号所管辖的评价因子的褒贬极性进行翻转处理。

（3）转折词包括表让步假设关系、表转折关系两种语义类型，这两类转折词有时组合搭配使用（例如“虽然……但是……”），有时只使用其中一种（例如“……但是……”），两类转折词所引导的分句中的评价因子的褒贬极性通常是对立的。表转折关系的转折词所引导的分句是说话人真正想要表达的语义重心，转折关系分句中评价因子的褒贬极性代表整个句子的褒贬极性。

（4）我们将褒贬极性判定外围特征本体库中的词语收录到语义词典中，并赋予其相应的语义标记：否定词——fdc、让步假设词——rjc、转折词——zzc、总结词——zjc。然后，根据本章第一节、第二节的分析结论，制定"否定动词 / 否定副词 + 评价因子"的否定处理规则，对评价因子是否受到否定因子管辖以及情感极性是否翻转做出判断；制定"让步假设关系词 / 转折关系词 / 总结词 + 评价因子"的处理规则，对褒贬因子共现句的语义焦点和句子极性做出判定。

第四节　本章小结

本章主要针对褒贬极性判定任务中否定因子的语义管辖范围、褒贬因子共现句语义焦点分布规律两个深层语义问题进行了研究，同时整理汇总与完善补充已有研究成果，构建起褒贬极性判定外围特征本体库。其中，对于否定因子的语义管辖范围，从否定动词的语义管辖范围、否定副词的语义管辖范围、否定消解因子三个方面进行了考察分析；对于褒贬因子共现句语义焦点分布规律，划分为无语义焦点、语义焦点在后、语义焦点在前三种情况，对每一种情况对应的句法关系类型进行了分析归纳；褒贬极性判定外围特征本体库主要由否定词、转折词、总结词三种语义类型的静态词汇知识构成。通过分析研究，得出如下结论：

（1）评价因子与否定因子共现≠评价因子受否定因子管辖。只有当评价因子充当否定动词的宾语、主语（无宾语时）、兼语句式的主谓短语成分，或充当否定副词的状语中心语、存现句式的主语成分时，方才受管辖，褒贬极性发生翻转；其他情况下均不受管辖，褒贬极性保持不变。据此制定"否定动词/否定副词＋评价因子＝±评价因子"的否定处理规则，提升系统否定评价句褒贬极性判定的准确率。

（2）否定消解因子指具有取消否定因子的否定功能的词语和句式。通过考察分析，归纳得出了四种语义类型的否定消解因子——剧情反转类、极比平比类、停止变化类、现实虚拟类。据此制定"否定因子＋否定消解因子＋评价因子＝肯定因子＋评价因子＝评价因子"的否定消解规则，提升系统否定评价句褒贬极性判定的准确率。

（3）褒贬因子共现句语义焦点的位置是由褒贬因子之间的句法关系决定的。当句子中的褒贬因子不具有任何句法关系，且句中没有转折词、总结词等语义焦点标记时，无焦点评价因子；当句子中的褒贬因子具有主谓关系、中补关系或位于表示处置、致使、目的、关涉、比较、双宾六种意义的句法框架内时，焦点评价因子在后；当褒贬因子具有动宾关系、定中关系、状中关系时，焦点评价因子在前。据此制定"上下文词性＋评价因子1词性与极性＋上下文词性＋评价因子2词性与极性＋上下文词性＝焦点评价因子1/焦点评价因子2"的处理规则，提升系统褒贬因子共现句语义焦点位置判断与句子极性判定的准确率。

（4）构建了共计包含342个词语（否定词187个、转折词65个、总结词90个）的褒贬极性判定外围特征本体库，为褒贬极性判定提供了更为丰富的词汇基础资源支撑。

第四章

评价对象抽取研究

评价对象抽取是指抽取评价句中评价因子语义指向的对象。评价对象抽取属于评价分析的一项细颗粒度抽取任务，也是整个评价分析中最具实用价值的任务之一。它可以告诉商家消费者对其产品的哪些方面（价格、外观、售后服务等）不满意，从而更好地改进生产与服务；可以告诉电影制作者和影迷观众对某部影片各方面（剧情、画面、演员等）的评论意见，为电影制作提供经验教训，帮助影迷决定是否值得购票观影；可以告诉政府公众对某项政策、法规的条款（实施方案、监管措施、处罚力度等）是否存在异议，从而加以修正和完善，确保决策科学有效。

　　评价对象抽取任务的难度与之前两个任务相比要大很多。首先，评价句识别和褒贬极性判定只需抓住评价因子、否定因子、评价消解因子等少数几个关键点即可；评价对象抽取则需着眼于评价句的整条线，甚至还要统筹兼顾句群、段落乃至语篇的整个面，由"点"上升至"线、面"，对象的复杂性增加，处理难度也相应增大。其次，在语言类型上，汉语属于孤立语，不像英语、德语、日语、俄语等语言具有表示人称、主动、被动、主格、宾格等语法功能的形态标记，而且汉语的词性和句法成分之间缺乏明确的对应关系，同一词性的词可以充当多种句法成分，同一句法成分可以由多种词性的词来充当。最后，汉语属于"重意合、不重形合"的语言，只要意思能表示出来，听话人能够听明白，不必在乎是否完全合乎语法规范，所以汉语语序灵活多变，存在较多省略现象等，这些都无疑增加了评价对象抽取的难度。

　　评价对象抽取的难度虽然较大，但也并不是没有办法。我们知道，任何事物都有其规律，汉语也不例外。每一个说汉语的人，大脑中实际都储存有一套汉语语法规则系统，什么样的句子合乎

第四章　评价对象抽取研究

汉语语法，什么样的句子不合乎汉语语法，我们一下就能听辨出来。不过，汉语语法系统规模庞大、内部关系网络错综复杂，不像英语等有形态标记的语言那样明晰、规整。正因如此，从事计算语言学和自然语言处理的学者常常会感叹"几乎所有的语言规则都有例外"，这在很大程度上是汉语语法系统自身"庞芜性"的内部基因所导致的。要想让规则没有例外，就需要对所研究的语言现象做更全面的考察、更细致的分类，给规则增添更多的约束和限制条件，尽量让每一条规则只处理某一大类问题中的某一小类问题，使其更具体、更富有针对性，切忌贪大求全、"眉毛胡子一把抓"。不过，规则又不能太过精细，如果针对每一个具体句子制定一条规则，规则的准确率自然会非常高，但与此同时规则也失去了其"概括性"的生命力，规则库的规模会非常之大，人力成本也会相当高，变得不具有现实操作性。因此，如何在抽象与具体之间寻得恰当的平衡，用尽量少的规则获得较高的准确率与召回率，是评价对象抽取任务能否取得突破的关键所在。

在方法论上，抽取评价对象绝不能采用孤立、静止、片面、绝对的形而上学方法，而应采用联系、动态、整体、相对的辩证方法。具体而言，不能简单粗暴"一刀切"式地判定形容词评价因子的评价对象是其中心语，动词评价因子的评价对象是其宾语，名词评价因子的评价对象是距离它最近的名词等，而是应该"具体问题具体分析"：要从句子和语篇的整体结构出发，确定评价因子所充当的句法成分和所在位置，确定评价因子之外的剩余成分及相互位置关系，在句法分析的基础上，结合评价因子的语义特征（如前指动词、后指动词、心理动词、指向定语的评价名词等）和剩余成分的语义特征（如致使、遭受、处置、判断、称说等语义类型），确定与各种句法语义模式相对应的评价对象位置分布规律。

如前所述，评价对象抽取面临三大"瓶颈"：（1）评价对象与评价因子之间跨越名词/名词短语的远距离搭配情况；（2）评价因子前、后均有名词/名词短语的两难选择情况；（3）评价对象省略，需要进行语篇分析、跨句查找的情况。本章将对此展开研究，通过考察评价因子自身的句法和语义特征对评价对象的选择性、剩余成分的句法结构特征和语义类型特征对评价对象位置分布的影响、语篇整体的推进模式与评价对象省略之间的相关性等，揭示与上述三类瓶颈情况相对应的语言表达方式，据此制定相应的评价对象抽取策略。

韩礼德提出语言有三种基本功能：概念功能、人际功能、语篇功能。其中，表达语篇功能的语言单位，主要包括有语篇衔接功能的各种话语标记（因为、所以、虽然、但是、因此、然后、例如、总之等），是绝对不能充当评价对象的；表达人际功能的语言单位通常是描述评价主体的主观态度和判断，包括义务类（应该、必须、可以、禁止等）、意愿类（愿意、很想、渴望、决意等）、概率类（也许、可能、大概、必定等）、评述类（依我看、坦白讲、客观地说、通常情况下等），也不能充当评价对象；表达概念功能（反映主、客观世界的事物和过程，有实际具体所指）的语言单位最常充当评价对象，表达概念功能的语言单位包括除语篇、人际功能外的其他所有语言单位，类型最为广泛。韩礼德把人们在现实世界中的所见所闻、所思所想、所作所为概括为物质过程、心理过程、行为过程、言语过程、存在过程、关系过程六种语义类型，每一过程均由参与者、标志性动词、环境成分组成。

其中，行为过程指的是诸如呼吸、咳嗽、叹息、做梦、苦笑等生理活动过程，不具有评价色彩；心理过程是表示感觉、反应和认知等心理活动的过程，可进一步细分为下面（2）和（3）两小类。[59]这样，根据韩礼德所提出的人类六种基本经验过程，评价句也可相应地概括为六种基本语义类型：（1）X做了好事或坏事；（2）X褒扬或贬斥Y；（3）X感觉或认为Y好或坏；（4）X说Y是好的或坏的；（5）X存在好或坏的Y；（6）X属于好的或坏的。单就这六种基本模式来看，评价对象与评价因子之间的位置关系一目了然，这说明对评价句进行语义类型的进一步细分，确实有助于评价对象的判定和抽取。不过，上述六种语义类型毕竟是最抽象、最简化的评价模式，在现实生活中，人们在表达评价时所使用语言的复杂程度比这要高得多。任何话语都是出现在特定语境中的，时间、空间、场景等环境成分常常不可或缺；说话者为使表述严谨，没有漏洞，常常会增加条件、范围、程度等限制性成分；讲话人为了照顾听话人的面子，在表达负面评价时大都不会直言不讳，而是会使用委婉、间接的表述方式；事物之间存在因果等联系，一个事物性质的好坏有时并不是它自身的原因，而是由其他事物造成的，"诱因"才是真正需要抽取的评价对象；为了突出、强调某一事物，说话人往往会改变常规的叙述方式，使用被动、倒装等变式句；为了使语言简洁，避免啰唆，说话人有时会省略前文已经出现的信息或后文即将出现的信息……因此，要想使评价对象自动抽取系统真正能够处理语言生活中的真实语句，就要根据所研究的语言类型，找出上述六种基本评价模式在实际使用中的各种扩展模式。

第一节 评价对象与评价因子之间跨越名词／名词短语的远距离搭配情况

这种情况是指具有如下特征的评价句：（1）评价因子的一侧（左侧或右侧）出现名词／名词短语，另一侧（右侧或左侧）不出现名词／名词短语；（2）在出现名词／名词短语的一侧，名词／名词短语的数量 ≥ 2；（3）评价对象不是距离评价因子最近的名词／名词短语，而是距离评价因子较远的名词／名词短语。

当评价因子的某一侧出现两个或两个以上有实际所指的名词性成分时，通常情况下，距离评价因子最近的名词性成分与评价因子构成陈述、修饰等关系，是评价因子的语义指向对象（评价对象）。不过，对下述几类情形而言，距离评价因子较远的名词性成分才是评价因子的评价对象。

一、致使类

致使类句式的语义模式是：NP1 致使 NP2 对其做出正面或负面评价 Fa（Fa 是评价因子 Evaluational Factor 的简称）。距离评价因子 Fa 较近的 NP2 是评价主体，距离评价因子 Fa 较远的 NP1 是评价对象。致使类句式的标志词包括：令、让、使、使得、导致、招、招来、招致、致使、促使、引起、引发、造成、带给、获、获得、收获、迎来、取得、得到、遭、遭到、遭受、遭遇、受、受到、备受、饱受、被、叫、给……带来、对……造成等。根据句法结构的不同，致使类句式大致包括以下四种下位类型：

1. NP1+ 致使 +NP2+ 评价因子（语义后指动词）

定义：NP1 致使 NP2 对其做出褒义或贬义的心理反应类型或者言语、动作类型的评价 Fa。评价因子 Fa 的词性特征是动词，语义特征是语义后指。例如：

①众筹方式已经被不少英国人青睐。

②这样的现象引起了不少消费者的吐槽。

③平利县计生网上办证系统获群众点赞。

④近日，刘创进的事迹迎来了网友的广泛赞誉。

⑤《奇妙的朋友》引发动物保护者抵制：触及动物底线。

⑥青岛汽车产业新城得到了一汽大众考察组的一致好评。

⑦连狗狗都不放过！韩国宠物整容手术遭动物爱好者反对。

⑧安倍此前强行推动安保法制改革导致国内舆论的广泛批评。

⑨20 年的努力，北国商城已经获得了越来越多市民的信赖和认可。

⑩美军普天间基地由于安全和噪声等问题一直受到当地居民强烈反感。

⑪作为高三春季班的班主任，宋瑞明代教的"信息技术"课最受学生们欢迎。

⑫在香港，公务员是非常热门的职业，因为公务员的收入绝对令大多数人艳羡。

⑬日本跟着美国宣布对俄罗斯制裁，包括对一些高官的制裁，<u>这些</u>让普京非常<u>不满意</u>。

⑭前几年，曾经发生过一个人因为贫穷饿死的事件，<u>政府因此遭到民众和舆论的谴责</u>。

⑮<u>美国在监听问题上的双重标准，以及安倍政府的对美仆从心态</u>，招致日本民众猛烈<u>抨击和嘲讽</u>。

⑯去年 10 月，<u>国家大剧院制作话剧《风雪夜归人》</u>应邀赴台演出，收获宝岛观众由衷<u>喜爱和广泛赞誉</u>。

上述例句均符合"NP1+ 致使 +NP2+ 评价因子（语义后指动词）"的句法模式。如例①"众筹方式 + 被 + 英国人 + 青睐"，"青睐"属于心理反应类型的语义后指动词评价因子，距离"青睐"较近的 NP2"英国人"是"青睐"这一心理反应的主体，"被"是表示致使意义的标志词，距离"青睐"较远的 NP1"众筹方式"是"青睐"这一心理反应指向的对象。因此，例①句法模式对应的语义模式是：评价对象（NP1：众筹模式）+ 致使（被）+ 评价主体（NP2：英国人）+ 褒贬评价（青睐）。距离评价因子较远的 NP1 是所要抽取的评价对象，符合该句法模式的其他例句也是如此。

2. NP1+ 致使 +NP2+ 感知 + 评价因子（心理感觉或认知型）

定义：NP1 致使 NP2 对其产生褒义或贬义的心理感觉类型或认知类型的评价 Fa。句法模式中的"感知"项，指的是表示感觉或认知的心理动词，包括：感觉、感到、深感、倍感、觉得、觉着、享受、获得、得到、感受到等。

⑰队员们的<u>表现</u>令主教练凯撒感到很<u>骄傲</u>。

⑱<u>日本机场安检</u>让人倍感<u>轻松</u> 全凭高科技保障

⑲<u>"优步"客户端扣费方式</u>，让用户感觉不太<u>靠谱</u>。

⑳<u>1元5升的水价</u>让赵大爷觉着很<u>划算</u>，每天晚饭前接水已经成为习惯。

㉑联通的宽带资费价格坚挺，<u>移动的宽带业务价格</u>也让消费者<u>觉得没有诚意</u>。

上述例句均符合"NP1+致使+NP2+感知+评价因子（心理感觉或认知型）"的句法模式。如例⑰"队员们的表现+令+主教练凯撒+感到+骄傲"，"骄傲"属于心理感觉型评价因子，"感到"是感知词，距离"骄傲"较近的NP2"主教练凯撒"是"骄傲"这一心理感觉的主体，"令"是致使意义标志词，距离"骄傲"较远的NP1"队员们的表现"是"骄傲"这一心理感觉指向的对象。所以例⑰句法模式对应的语义模式是：评价对象（NP1：队员们的表现）+致使（令）+评价主体（NP2：主教练凯撒）+感知（感到）+褒贬评价（骄傲）。距离评价因子较远的NP1是所要抽取的评价对象，符合该句法模式的其他例句也是如此。

上述例句的相异之处在于：第一，例⑰、例⑱中的评价因子"骄傲""轻松"属于心理感觉型评价因子，句子的语义模式等价于评价对象NP1触发评价主体NP2产生某种或好或坏的心理感受。由于心理感觉型评价因子本身的内涵意义就是陈述心理主体NP2的心理感受，所以心理感觉型评价因子与心理主体NP2之间的"感知词"可以省略，两者直接构成陈述关系，如下面例㉒至例㉔"客户‖眼前一亮""人‖耳目一新""很多球迷‖大失所望";第二,例⑲、例⑳、例㉑中的评价因子"不太靠谱""很划算""没有诚意"属于心理认知型评价因子,其内涵意义是评价主体NP2对评价对象NP1的某种评价结果,其所陈述的对象并非评价主体NP2,而是评价对象NP1,句子的语义模式等价于评价主体NP2感知后认为评价对象NP1是好的或坏的,"感知词"不可以省略,否则评价主体NP2就会变成评价对象,如例⑲。若省略掉感知词"感觉",就会变成"用户不太靠谱",这显然不是作者要表达的原意。之所以会出现这种现象,是因为感知词与心理认知型评价因子之间存在着虽然没有语音表现形式但却客观存在的句法成分——空语类(评价对象NP1移位后留下的语迹)。句法模式"NP1+致使+NP2+感知+评价因子(心理认知型)"基本语义等价于"NP2+感知+NP1+评价因子(心理认知型)",如例⑲"'优步'客户端扣费方式+让+用户+感觉+不太靠谱"基本语义等价于"用户+感觉+'优步'客户端扣费方式+不太靠谱"。

㉒中国联通的电视频道与增值业务等服务内容让客户眼前一亮。

㉓这份白皮书亮点颇多,满满都是干货,一些提法和内容更是让人耳目一新。

㉔当时观众是已经开始入场了,突然要求全部离场,并且逐一接受检查,这让很多球迷大失所望。

3. NP1+盖然 + 致使 +NP2+ 评价因子(非语义后指动词)

定义:说话者认为NP1有较大或较小概率致使NP2向好的

或坏的方向变化发展。表面上看，评价因子（非语义后指动词）是评价距离较近的 NP2，但实际上，距离较远的 NP1 才是真正的评价对象，NP1 是 NP2 褒贬的促成和诱发因素。句法模式中的"盖然"项，指的是表示说话者对概率大小估计判断的词语，包括：会、能够、可以、将、一定、必然、容易等。

㉕此举将促使互联网金融行业逐渐走向公平竞争。

㉖目前，短频快的假日经济容易导致各种各样的服务不到位。

㉗高考改革能够更加促使教育公平和透明，比如高考改革取消了很多加分。

㉘有分析认为，打通行动与情报人员的做法，会让情报分析人员失去客观性。

㉙对互联网金融平台而言，降息降准会进一步促使其从此前的过高收益回落至合理水平。

㉚业内专家表示，过于依赖重组会导致投资者的盲目追进，一旦重组搁浅，受损的往往也是投资者自己。

㉛市场化资源和竞争的引入可以促使出租车行业提升自身服务质量，为乘客提供更加舒适和快捷的消费体验。

上述例句均符合"NP1+ 盖然 + 致使 +NP2+ 评价因子（非语义后指动词）"的句法模式。如例㉕"此举 + 将 + 促使 + 互联网金融行业 + 公平"，"公平"是评价因子（非语义后指动词），与距离其较近的 NP2"互联网金融行业"构成字面陈述关系，"促使"是致使意义标志词，"将"是表示高盖然性的肯定判断性副词，NP1"此举"是"互联网金融行业 + 公平"这一褒义结果的促成和诱发因素，是真正所要抽取的评价对象。例㉕句法模式对应的语义模式是：评价对象（NP1：此举）+ 盖然（将）+ 致使（促使）+ 结果承载者（NP2：互联网金融行业）+ 褒贬评价结果（公平）。也就是说，评价对象 NP1 促成和诱发了"NP2褒贬"这一结果，"NP2+ 评价因子"实际相当于评价 NP1 的大颗粒度评价因子，符合该句法模式的其他例句也是如此。

二、介引类

介引类句式的句法模式是"NP1+〔介词 +NP2〕+ 评价因子 Fa"，语义模式是"评价对象（NP1）+ 环境成分或评价主体（介词 +NP2）+ 评价结果（评价因子 Fa）"。其中，环境成分是指时间、处所、原因、方式、目的、关涉对象等成分。介引类句式的标志是介词，介词属于虚词，是封闭类，词目数量固定、有限。根据介词前面的 NP1 是施事角色还是受事角色，可将介词划分为两类。

介词 1：在、给、对、对于、为、为了、把、将、自、比、对比、相比、相对于、从、以、用、利用、采用、采取、依靠、通过、凭借、随着、本着、顶着、冒着、作为、因、因为等（用于主动句，NP1 是施事角色）。

介词 2：被、叫、让、遭、受、遭到、受到、饱受、备受等（用于被动句，NP1 是受事角色）。

1. 主动：NP1+ 介词 1+NP2+ 评价因子（非语义后指或心理类词）

这一模式中的评价因子须将语义后指和心理类词排除在外，

距离评价因子较近的介词宾语 NP2 表示各种环境成分，距离评价因子较远的主语 NP1 充当评价对象。例如：

㉜他的父母对孩子特别溺爱。

㉝很多实体店凭借着互联网华丽转身。

㉞谷文昌为群众办了好事，活在了百姓心中。

㉟他在中超联赛中表现出色，成为舜天绝对核心主力。

㊱做到膳食平衡比把注意力放在吃什么来防癌会更有效。

㊲王月的画笔把从老乡家里找来的废旧材料化腐朽为神奇。

㊳网络转账工具相对于传统的银行网上转账服务更加地快捷。

㊴公报将国家的发展目标和人民群众的具体需求很好地结合了起来。

㊵市民王女士表示，拿到长春户口对于找工作、享受社区服务都有好处。

㊶冬天临近，不少市民都喜欢吃火锅，但一些饭店为了节省成本以次充好。

㊷营改增试点工作也稳步推进，给超过 95% 的试点纳税人带来了税负下降的实惠。

上述例句均符合 "NP1+ 介词 1+NP2+ 评价因子（非语义后指或心理类词）"的句法模式。如例㉜"他的父母＋对＋孩子＋溺爱"，"溺爱"是评价因子（语义前指动词），距离"溺爱"较近的 NP "孩子"是"溺爱"这一行为所针对的对象（受事），距离"溺爱"较远的 NP "他的父母"是"溺爱"这一行为的发出者（施事），是"溺爱"的评价对象。例㉜句法模式对应的语义模式是：评价对象（他的父母）+ 表示关涉对象的环境成分（对 + 孩子）+ 褒贬评价结果（溺爱）。符合该模式的其他例句也是如此，区别在于环境成分的类型。如例㉝ "凭借着互联网" 表手段，例㉟ "在中超联赛中" 表范围，例㊳ "相对于传统的银行网上转账服务" 表比较对象，例㊶ "为了节省成本" 表目的。而之所以将模式中的评价因子限定为 "非语义后指或心理类词"，是为了确保评价对象是距离评价因子较远的主语 NP1，而不是距离评价因子较近的介词宾语 NP2。如果把例㉜ 中的语义前指动词评价因子 "宠爱" 替换为语义后指动词评价因子 "满意" —— "他的父母对孩子特别满意"，评价对象就变成了距离评价因子较近的状语成分 NP2 "孩子"。

当介词 1 是引入关涉对象的 "对、对于、关于、面对" 时，说话者有时为了凸显关涉对象，会将 "介词 1+NP2" 前置于句首。这样，上述句法模式就变成了 "介词 1（对 / 对于 / 关于 / 面对）+NP2+NP1+评价因子"，若要保证位置在前的 NP2 为评价对象，评价因子必须为语义后指或心理类词，或者评价因子与 NP1 中间出现表示感知、认知的词语。例如：

㊸对这项改革，人们纷纷点赞。

㊹关于出差，大家常常是槽点满满。

㊺对于范冰冰的表演，张艺谋也赞赏有加。

㊻对于这种做法，用户感到不方便，但是也无处申诉。

㊼市民张先生说，对于公交车上配特勤，他觉得是一种浪费。

㊽对于物业的说法，赵女士表示完全没有道理。

㊾对于新试点铺设的 3D 斑马线，有不少当地市民认为 "很萌" "很醒目"，有创意。

例㊸至例㊺符合“介词1（对/对于/关于/面对）+NP2+NP1+评价因子（语义后指或心理动词）”的句法语义模式，“点赞”“槽点满满”“赞赏有加”属于语义后指或心理类词；例㊻至例㊾符合“介词1（对/对于/关于/面对）+NP2+NP1+感知/认知+评价因子的句法语义模式”，“感到”“觉得”属于感知词，“表示”“认为”属于认知词，评价对象均是距离评价因子较远的介词宾语。

需要注意的是，如果在“介词1（对/对于）+NP2+NP1+感知/认知+评价因子”模式中，介词1（对/对于）前面还存在NP（称为NP3），“介词1（对/对于）+NP2”只是对NP3起补充限定作用，真正要抽取的评价对象是说话人陈述的话题主语NP3。例如：

㊿这样的环境对于外资而言，他们认为是有吸引力的。

(51)所以这两年的投入对于我们平稳过渡，我觉得起了很大的作用。

甚至，起补充限定作用的从属成分“介词1（对/对于）+NP2”可以省略，评价对象仍是话题主语NP3。例如：

㊿这样的环境，他们认为是有吸引力的。

(51)所以这两年的投入，我觉得起了很大的作用。

有一种特殊情况，虽然符合“NP1+介词1+NP2+评价因子（非语义后指或心理动词）”的句法模式，但评价对象并非

NP1，而是 NP2，即：NP1+ 把 / 将 +NP2+ 称为 / 称作 / 看成 / 看作 / 视为 / 视作 / 当成 / 当作 + 评价因子。例如：

(52)出租车司机将这些人称为“地头蛇”。
(53)所以我们可以把社保的开户当成一个利好。
(54)差不多每个人都把白药看成至宝，救命的至宝。
(55)日本民众将安倍此举视为对日本战后和平宪法的违背。

上述例句的语义模式是“评价主体（NP1）+ 把 / 将 + 评价对象（NP2）+ 判定为（称作 / 看成 / 视为等）+ 褒贬评价结果（评价因子）”。如例(52)“出租车司机 + 将 + 这些人 + 称为 + 地头蛇”，距离评价因子较近的介词宾语 NP2 为评价对象。

2. 被动：NP1+ 介词 2+NP2+ 评价因子（语义后指或心理类词）

这一模式中的评价因子类型与上一模式相反，要求评价因子必须是语义后指或心理类词；距离评价因子较近的介词宾语 NP2 是评价主体；距离评价因子较远的主语 NP1 则充当评价对象。例如：

(56)加多宝的营销一直在被业界人士称赞。
(57)韩国的狗肉文化受到了西方国家的猛烈抨击。
(58)这个特色软件让游客们感觉非常贴心。
(59)于是，连章子怡的激动落泪也一下子叫人觉得没了意思。

上述例句均符合“NP1+ 介词 2+NP2+ 评价因子（语义后

指或心理类词）"的句法模式。如例㊷ "加多宝的营销＋被＋业界人士＋称赞"，"称赞"是评价因子（语义后指动词），距离"称赞"较近的 NP "业界人士"是"称赞"的发出者，距离"称赞"较远的 NP "加多宝的营销"是"称赞"指向的对象。例㊷句法模式对应的语义模式是：评价对象（NP1：加多宝营销）＋介词 2（被）＋评价主体（NP2：业界人士）＋褒贬评价结果（评价因子：称赞）。该句法模式与前面论述的"致使类"句式基本一致，为了减少规则数量、增强规则的概括性，可以将两者合并，例㊷、例㊸可并入第一条致使类规则"NP1＋致使／介词 2＋NP2＋评价因子（语义后指动词）"，例㊹、例㊺可并入第二条致使类规则"NP1＋致使／介词 2＋NP2＋感知＋评价因子（心理感觉或认知型）"。而之所以将该句法模式中的评价因子限定为语义后指或心理类词，是为了确保评价对象是距离评价因子较远的主语 NP1，而不是距离评价因子较近的介词宾语 NP2。下面的例㊻、例㊼，虽然句法模式也符合"NP1＋介词 2＋NP2＋评价因子"，但由于评价因子"搅、完美、欺骗"并不属于语义后指或心理类词，其评价对象是距离评价因子较近的介词宾语 NP2 而不是较远的主语 NP1。

㉚好好的一场讨论，让夏忧给搅了。（一场讨论＋让＋夏忧＋搅）

㊻书中的故事被小朋友们完美地演绎了出来。（书中的故事＋被＋小朋友们＋完美）

㊼这些业务员，实际上也被这家公司欺骗了。（这些业务员＋被＋这家公司＋欺骗）

有一类特殊的被动句，允许其中的评价因子不必是语义后指动词或心理类词，不过需要在 NP2 与评价因子之间出现表示主观判断的词语：NP1+ 被 +NP2+ 称为 / 称作 / 称之为 / 看为 / 看成 / 看作 / 视为 / 视作 / 当成 / 当作 / 冠以 / 认为 / 认定为 / 判定为 / 公认为 + 评价因子。

㉓司机的行为被平台判定为作弊。

㉔这一技术被美军称为"颠覆性"的进步。

㉕因为这两种做法，都是被他们看作是不礼貌的。

㉖公投被齐普拉斯看成了解决主权债务僵局的一剂良药。

㉗三大运营商拿出的提速降费方案被网友认为"没有诚意"。

㉘拍摄视频的市民被警方认定为教唆，也受到了教育警告。

㉙朱茵被无数影迷视为心中的女神，认为她就是紫霞，紫霞就是她。

㉚《第四十一》被国际影坛公认为是这股苏联新浪潮影片的始作俑者。

㉛遍布世界各国的中国城，常被海内外华人当作炎黄子孙向海外传播中华文化的骄傲，扮演着凝聚海外华人向心力的角色。

上述例句的语义模式是：评价对象（NP1）+ 被 + 评价主体（NP2）+ 评判为（表示主观判断的词语）+ 褒义或贬义（评价因子）。如例㉖"公投（NP1）+ 被 + 齐普拉斯（NP2）+ 看成（表示主观判断的词语）+ 良药（评价因子）"，距离名词评价因子"良药"较近的 NP2"齐普拉斯"是评价主体，较远的 NP1"公投"是评价对象。

三、存现类

存现类句式的句法模式是"NP1+存现词+NP2+评价因子（非语义后指动词）"，语义模式是"评价对象（NP1）+存在、出现、消失（存现词）+范围、属性、特征、关涉或比较对象等（NP2）+褒贬评价结果（评价因子）"。存现类句式的标记是存现词，例如：是、算、真是、算是、可谓、堪称、属于、等于、像、好像、好比、类似、形似、有、具有、拥有、具备、存在、保持、延续、继续、足以、可以、能、能够、会、称得上、构成、代表了、产生了、出现了、做出了、进行了、发挥了、做到了、走上了、走到了、实行了、制造了、影响了、提供了、实现了、完成了、达到了、改变了、失去了、丢掉了、没有了、摆脱了等。存现句包括存在句、出现句、消失句三种基本类型。

1. NP1+存在+NP2+评价因子

定义：NP1具有某种褒义或贬义色彩。NP2附属于评价因子，对评价因子起修饰限定、解释说明等作用。例如：

⑦马龙和张继科代表了男子乒乓球的最高水平。

⑦郎指导是目前中国体育中最职业、最出色的。

⑦新能源汽车具有低排放、使用成本低等优点。

上述例句均符合"NP1+存在+NP2+评价因子"的句法模式。如例⑦"马龙和张继科+代表了+男子乒乓球+最高水平"，"最高水平"是评价因子，距离"最高水平"较近的NP2"男子乒乓球"是表示范围的限定成分，"代表了"是存在意义标记词，距离"最高水平"较远的 NP1"马龙和张继科"是"最高水平"的语义指向对象。所以例⑫句法模式所对应的语义模式是：评价对象（NP1：马龙和张继科）+ 具有（代表了）+ 表示范围的限定成分（NP2：男子乒乓球）+ 褒贬色彩（评价因子：最高水平），距离评价因子较远的 NP1 是所要抽取的评价对象。符合该句法模式的其他例句也是如此，区别在于附属成分 NP2 的语义类型，如例⑬中的 NP2"目前中国体育中"表示时间和范围，例⑭中的 NP2"排放、使用成本"是对评价因子"优点"内容的具体解释说明。

有一种情况比较特殊，当评价因子是专指定语的评价名词时，评价对象是距离评价因子较近的定语 NP2。例如：

⑮今天的五连冠不仅有<u>我们现在这些人</u>的功劳，也有<u>之前离开的教练团队</u>的功劳。

⑯现在消费者纷纷直购、代购、网购进口奶粉，我们买进口的奶粉人家还限购，这是<u>中国奶业人</u>的耻辱。

例⑮"今天的五连冠 + 有 + 我们现在这些人 + 功劳"符合存在句"NP1+ 存在 +NP2+ 评价因子"的句法模式，但评价对象并非距离评价因子较远的主语 NP1"今天的五连冠"，而是距离评价因子较近的定语 NP2"我们现在这些人"，这是因为名词评价因子"功劳"的语义特征是：做定语中心语时，语义指向定语成分。"我们现在这些人的功劳"是以"的"为标记的定中短语，"功劳"做定语中心语，故语义指向定语"我们现在这些人"，符合该模式的其他例句也是如此。

2. NP1+ 出现 +NP2+ 评价因子

定义：NP1 开始具有某种褒义或贬义色彩。NP2 附属于评价因子，对评价因子起修饰限定、解释说明等作用。存在句的褒贬色彩是事物先天具有或长期具有的，出现句的褒贬色彩则是"从无到有"；前者是时间段，后者是时间点（说话人旨在强调事物开始带有褒贬色彩的那一特定时刻）。

⑦⑦国企改革方案出台确实构成长期利好。

⑦⑧再往后，宋代的中国达到了古代文明的巅峰，铸币技术也是空前绝后。

⑦⑨谭华不但实现了自我的完美转身，也让尖端的海洋装备业造福百姓生活。

上述例句均符合"NP1+ 出现 +NP2+ 评价因子"的句法模式。如例⑦⑦"国企改革方案出台 + 构成 + 长期 + 利好"，"利好"是评价因子，距离"利好"较近的 NP2"长期"是时间修饰成分，"构成"是出现意义标记词，距离"利好"较远的 NP1"国企改革方案出台"是"利好"的语义指向对象。所以例⑦⑦句法模式所对应的语义模式是：评价对象（NP1：国企改革方案出台）+ 开始具有（构成）+ 时间修饰成分（NP2：长期）+ 褒贬色彩（评价因子：利好），距离评价因子较远的 NP1 是所要抽取的评价对象。符合该句法模式的其他例句也是如此，区别在于附属成分 NP2 的语义类型，如例⑦⑧中的 NP2"古代文明"表示范围，例⑦⑨中的 NP2"自我"表示关涉对象。

3. NP1+ 消失 +NP2+ 评价因子

定义：NP1 不再具有先前具有的或不具有但本应该具有的某

种褒义或贬义色彩。NP2附属于评价因子,对评价因子起修饰限定、解释说明等作用。消失词相当于否定词,故消失句中评价因子的褒贬极性发生翻转。

⑧冻肉不易变质,却也失去了鲜肉的鲜美。

⑧进入2014年后,由于市场资金面持续偏宽松,货基没有了往日风光。

⑧这样的作品丢掉了孩子身上特有的童真、童趣,孩子们又怎么会喜欢呢?

上述例句均符合"NP1+消失+NP2+评价因子"的句法模式。如例⑧"冻肉+失去了+鲜肉+鲜美","鲜美"是评价因子,受消失词"失去了"管辖,极性翻转,由褒义变为贬义,距离"鲜美"较近的NP2"鲜肉"表示比较对象,距离"鲜美"较远的NP1"冻肉"是"(失去了)鲜美"的语义指向对象。所以例⑧句法模式所对应的语义模式是:评价对象(NP1:冻肉)+不再具有(失去了)+比较对象(NP2:鲜肉)+褒贬色彩(评价因子:鲜美),评价因子褒贬极性翻转,距离评价因子较远的NP1是评价对象。符合该句法模式的其他例句也是如此,区别在于附属成分NP2的语义类型,如例⑧中的NP2"往日"表示时间,例⑧中的NP2"孩子身上"表示评价因子"童真、童趣"的承载主体。

"出现、存在、消失"等存现动词,概念意义空虚、抽象,缺乏客观实在的具体所指,因此通常不能充当评价对象。当其后面出现评价因子及修饰限定成分、解释说明成分NP2时,位于其前面的话题主语 NP1 通常是说话人评论的对象。句法模式"NP1+ 出现 / 存在 / 消失 +NP2+ 评价因子"对应的语义模式是：事物（NP1）+ 开始具有、持续具有、不再具有（出现 / 存在 / 消失）+ 某一类型或特征的（NP2）+ 褒贬色彩（评价因子）。显然，作为褒贬色彩拥有者的 NP1 才是评价对象，"某一类型或特征的（NP2）+ 褒贬色彩（评价因子）"实际上是一种大颗粒度评价因子，NP2 对评价因子起修饰限定、解释说明等作用，使评价变得更加具体和精确，"NP2+ 评价因子"作为一个语义整体共同指向存现动词前面的主语 NP1。

第二节　评价因子前后均有名词 / 名词短语的两难选择情况

评价因子前后均有名词 / 名词短语指的是句法模式为"NP1+ 评价因子 +NP2"的评价句。这种情况下，评价对象存在四种可能：（1）评价因子前面的名词 / 名词短语 NP1；（2）评价因子后面的名词 / 名词短语 NP2；（3）评价因子前面以及后面的名词 / 名词短语 NP1+NP2；（4）既不是评价因子前面也不是评价因子后面的名词 / 名词短语（非 NP1、非 NP2）。

其中，第三种情况通常发生于评价因子前后名词 / 名词短语具有整体—部分、事物—属性等包含关系时。例如：

㊻尼康 1V 系列 V2 正式发布，为用户带来更高的像素、更

快的对焦速度和更优越的拍照性能。

㊃斯柯达旗舰车型昊锐 9 月销售 4151 辆，同比增长 21%，凭借宽敞舒适的驾乘空间、高效环保的动力、完备的安全性能以及丰富的智能配置成为越来越多注重品质生活的消费者的首选。

例㊂中的 NP1 "尼康 1V 系列 V2" 是相机类型，NP2 "像素、对焦速度、拍照性能" 是相机属性，例㊃中的 NP1 "斯柯达旗舰车型昊锐" 是汽车类型，NP2 "驾乘空间、动力、安全性能、智能配置" 是汽车属性，需要抽取的评价对象是 "NP1+NP2"。对事物属性好坏进行评价，也就相当于对事物进行评价，因此应当同时抽取事物 NP1 与属性 NP2 才算评价对象抽取完整，只抽取事物或只抽取属性均无法提供给用户完整的评价对象信息。NP1 与 NP2 包含关系的判定，通常需要借助领域（汽车、电子等）词典知识本体来完成。

第四种情况通常发生于评价对象是谓词性成分或不是评价因子所在句子中的名词性成分，而是相邻句中的名词性成分时。例如：

㊄饮食清淡有利于调节代谢，减轻身体负担。

㊅英国一位老爷爷就用自己的实际行动告诉我们坚持体育锻炼的好处。

㊆凭借在联赛里的出色表现，睢冉在今年夏天入选了中国男篮集训队。

例㊄评价对象是主谓短语 "饮食清淡"，例㊅评价对象是动宾短语 "坚持体育锻炼"，例㊆虽然评价因子所在句中含有名词性成分"联赛"，但评价对象"睢冉"出现在后面小句中。

　　本节主要讨论第一和第二种情况，即评价对象是从句子中评价因子前后两个或多个名词性成分中二选一或多选一的情况。我们在之前的文章中提出了前指动词和后指动词[60]。例如：

⑧–a 孩子他爸欺骗孩子他妈。
⑧–b 孩子他爸佩服孩子他妈。
⑨–a 被学生欺骗的语文老师。
⑨–b 被学生佩服的语文老师。

　　例⑧–a、例⑧–b 两个句子的语法结构均是"NP1+V+NP2"，例⑨–a、例⑨–b 两个句子的语法结构均是"介词+NP1+V+的+NP2"，但由于句中评价因子语义指向特征的不同，a、b两个句子评价对象的位置分布并不相同。例a中的评价因子"欺骗"属于语义前指动词，评价对象是前面的NP1主语"孩子他爸"、状语"学生"。例b中的评价因子"佩服"属于语义后指动词，评价对象是后面的NP2宾语"孩子他妈"、定语中心语"语文老师"。我们在语义词典中赋予"欺骗、背叛、污蔑、抹黑"等评价动词后指动词的语义标记hzv，赋予"佩服、力挺、欣赏、鄙视"等评价动词前指动词的语义标记qzv，根据语义指向特征的不同来对评价动词做进一步聚类，从而实现对句型"NP1+评价因子+NP2"的下位句型"NP1+评价动词+NP2"句法模式相同评价对象位置分布却不同情况的有效辨别与准确抽取。除了"NP1+评价动词+NP2"，"NP1+评价因子+NP2"还包含许多其他的下位句型，我们将从句法和语义两个层面，对"NP1+

评价因子 +NP2"的其他下位句型进行考察，分析总结在何种情况下应选择评价因子前面的 NP1 为评价对象，在何种情况下应选择评价因子后面的 NP2 为评价对象，并解释不同选择背后的理据。

一、评价对象是评价因子前面的 NP

评价对象是评价因子前面的 NP 指的是：在句法模式"NP1+评价因子 +NP2"中，评价对象是评价因子前面的名词性成分 NP1。根据句法标记和语义模式的不同，大致可以归纳概括为以下四种类型。

1. NP1+ 动词 + 评价因子 +NP2：NP1 做了好事或坏事 NP2，NP1 是好或坏性质的 NP2

这种情况指的是以评价因子前面出现动词为标记的句法模式"NP1+ 动词 + 评价因子 +NP2"。NP1 是主语，动词是谓语，评价因子 +NP2 是宾语。其对应的语义模式包括两种类型：（1）NP1 做了好事或坏事 NP2，句法模式中的谓语动词要求是动作行为动词；（2）NP1 是好或坏性质的 NP2，句法模式中的谓语动词要求是存现动词。例如：

⑨⓪日本政府高官发表不负责任的言论，渲染"中国威胁"。

⑨①1937 年 12 月，日军占领南京，制造了灭绝人寰的大屠杀事件。

⑨②当他们的感情出现问题后，海明威使用了卑鄙的手段，挤掉了她在杂志社的工作。

㉝老一辈革命家和老一代共产党员在延安时期留下了优良传统和作风，是我们党的宝贵精神财富。

㉞城乡环卫一体化工作是一项造福百姓的民生工程。

㉟储户存在恶意将银行柜员手划伤的行为，后来才导致了伤人事件。

㊱随着科技的发展，手机发红包逐渐成为年轻人喜闻乐见的一种过年形式。

㊲经过对组织人事技术的变革，尚德电力已经摆脱了"很糟糕"的阶段，预计今年产能重回巅峰。

上述例句均符合"NP1+动词+评价因子+NP2"的句法模式，评价因子前面的 NP1 是所要抽取的评价对象。区别在于：例⑳至例㉝中的谓语动词"发表""制造""使用""留下"是动作行为动词，动词前面的主语 NP1"日本政府高官""日军""海明威""老一辈革命家和老一代共产党员"是动作行为的发出者(施事角色)，动词后面的宾语评价因子+NP2"不负责任的言论""灭绝人寰的大屠杀事件""卑鄙的手段""优良传统和作风"是动作行为所产生、支配或影响的带有褒贬色彩的对象(受事角色)，全句的语义模式是"施事（NP1）+做了（动作行为动词）+褒贬（评价因子）+受事（NP2）"，即 NP1 做了好事或坏事 NP2；例㉞至例㉟中的谓语动词"是""存在""成为""摆脱"是存现动词，动词前面的 NP1 是陈述对象，动词后面的评价因子+NP2"一项造福百姓的民生工程""恶意将银行柜员手划伤的行为""年轻人喜闻乐见的一种过年形式""'很糟糕'的阶段"是对陈述对象性质好坏的判断，全句的语义模式是"事物（NP1）+开始带

有 / 带有 / 不再带有 (存现动词)+ 褒贬 (评价因子)+ 性质 (NP2)",
即 NP1 是好或坏性质的 NP2。

2. NP1+ 评价因子 + 动词 +NP2，NP1+ 评价因子 +NP2+ 动词：NP1 好或坏地做事情 NP2

这种情况指的是以评价因子后面出现动词为标记的句法模式"NP1+ 评价因子 + 动词 +NP2"，评价因子做状语修饰后面的动宾短语"动词 +NP2"；或是以 NP2 后面出现动词为标记的句法模式"NP1+ 评价因子 +NP2+ 动词"，"评价因子 +NP2"做状语"修饰 + 限定"后面的谓语动词。两种句法模式的语义模式是"NP1 好或坏地做事"。在上一节"NP1+ 动词 + 评价因子 +NP2"：NP1 做了好事或坏事 NP2、NP1 是好或坏性质的 NP2 中，评价因子位于动词后面做宾语，而在本节"NP1 好或坏地做事"所对应的两种句法模式中，评价因子位于动词前面做状语。例如：

⑱球员们很好地执行了主教练的战术安排。

⑲该中心在索契奥运会期间出色完成了各项任务。

⑳重金打造的万里阳光号船头完美地将二次元带入三次元。

⑩东北抗联没有能够很好地掌握人民军队建设的一系列原则。

⑩生活的不容易并没有压垮老人，她用一颗真诚、善良的心对待家人和村民。

⑩不管什么时候，她都会兢兢业业地把自己负责的路段打扫干净。

⑩十五年来，邱维廉先生矢志不渝地为中国和平统一而奔走呐喊。

⑩⑤然而，在习主席访美前，<u>有些媒体</u>别有用心地将网络安全、南海等问题<u>放大</u>。

⑩⑥欧洲国家在这些地区的外交政策实际上就是美国的外交政策，<u>他们</u>盲目地对美国亦步亦趋。

上述例句均符合"NP1 好或坏地做事"的语义模式，评价因子前面的施事论元 NP1 是所要抽取的评价对象。句法模式却略有差异：例⑨⑧至例⑩②的句法模式是"NP1+评价因子+动词+NP2"，如例⑨⑧"球员们（NP1）+很好（评价因子）+执行（动词）+主教练的战术安排（NP2）"，评价因子"很好"做状语，修饰后面的动宾短语"执行+主教练的战术安排（动词+NP2）"；例⑩③至例⑩⑥的句法模式是"NP1+评价因子+NP2+动词"，如例⑩③"她（NP1）+兢兢业业（评价因子）+自己负责的路段（NP2）+打扫（动词）"，"兢兢业业+自己负责的路段（评价因子+NP2）"做状语，"修饰+限定"后面的谓语动词"打扫"。

3. NP1+被+评判动词+评价因子+NP2，NP1+把/将+NP2+评判动词+评价因子+NP3：NP1 被评判为好的或坏的 NP2，NP1 把/将 NP2 评判为好的或坏的 NP3

第一种情况指的是以评价因子前面出现"被+评判动词"为标记的句法模式"NP1+被+评判动词+评价因子+NP2"，"评判动词"指表示评价主体做出评价判断的标志词，如：称为、称作、看成、看作、视为、视作、当成、当作、评为、看为、认为、冠以、公认为、认定为、判定为、戏称为、称之为等。这一句法模式对应的语义模式是 NP1 被评判为好的或坏的 NP2。例如：

⑩瑞士被评为全球最佳养老国家。

⑩亚裔在美国一直被称为模范族裔。

⑩哥本哈根被一致认为目前做得最好的城市。

⑩1984年洛杉矶奥运会被普遍认为是一场商业上成功运作的奥运会。

⑪常吃鸡蛋、多吃鸡蛋，被人们当作补充营养的最好办法。

⑫在将中国教育模式施于英国学生的这次尝试中，英国学生被媒体冠以"麻木散漫"的形象。

⑬因为目前天津队只有魏秋月一人在国家队，所以今年的冠军赛也被球队看作是一次很好的磨合阵容为下赛季联赛练兵的机会。

在例⑩、例⑩中，"被"和"评判动词"直接相连——"被评为""被称为"；在例⑩、例⑩中，"被"和"评判动词"之间出现有表示程度、范围等修饰、限定意义的副词——"被一致认为""被普遍认为"；在例⑪至例⑬中，"被"和"评判动词"之间出现有表示评价主体的名词——"被人们当作""被媒体冠以""被球队看作"；另外，评价因子在句子中充当的句法成分也有所不同，例⑩"做得最好"——"最好"充当补语，例⑩"成功运作"——"成功"充当状语，其他例句中的评价因子则充当定语。不过，上述例句的句法模式可以"求同存异"简化概括为"NP1+被+评判动词+评价因子+NP2"，对应的语义模式是"NP1被评判为好的或坏的NP2"，主语NP1是所要抽取的评价对象。

与上述被动评判句相反的是主动评判句，以引入评判对象的介词"把、将"和评判动词"称为、称作"等为标记。句法模式是"NP1+ 把 / 将 +NP2+ 评判动词 + 评价因子 +NP3"，语义模式是"NP1 把、将 NP2 评判为褒义或贬义性质的 NP3"。NP1 是评价主体，NP2 是评价对象，"评价因子 +NP3"是评价结果。例如：

⑭在中国，人们都把<u>巴基斯坦</u>称作"<u>真诚可靠的朋友</u>"。

⑮这么多年来，我一直把<u>他</u>当作华人世界<u>最优秀</u>的一位舞台剧工作者之一。

⑯大多数投资者都将<u>"高送转"</u>看作<u>重大利好</u>消息，"高送转"也成为半年度报告和年度报告出台前的炒作题材。

⑰我们把<u>巴基斯坦</u>称为我们<u>坚实</u>的好朋友，在民间还有一种更形象的说法，叫作"巴铁"，什么叫"巴铁"，就是铁哥们。

上述例句均符合"NP1+ 把 / 将 +NP2+ 评判动词 + 评价因子 +NP3"的句法模式。如例⑭"人们（NP1）+ 把 + 巴基斯坦（NP2）+ 称作（评判动词）+ 真诚可靠（评价因子）+ 朋友（NP3）"，"人们"是评价主体，"巴基斯坦"是评价对象，"真诚可靠的朋友（评价因子 +NP3）"是评价结果，介词"把 / 将"的宾语 NP2 为所要抽取的评价对象，符合该句法模式的其他例句也是如此。

4. NP1+ 评价因子 + 的 +NP2，NP1+ 的 + 评价因子 +NP2：NP1 好或坏的 NP2，NP1 的好或坏 NP2（性状、行为、影响等）

这种情况指的是以评价因子和 NP2，或 NP1 和评价因子之间出现表示定中关系的结构助词"的"为标记的句法模式"NP1+ 评价因子 + 的 +NP2""NP1+ 的 + 评价因子 +NP2"。其对应的语义模式是"NP1 好或坏的性状、行为、影响等""NP1 好或坏的性状、行为、影响等"。NP1 是后面褒贬性状、行为、影响等的领有者，是所要抽取的评价对象。例如：

⑱阿拉木图迷人的山景给大家留下了深刻的印象。

⑲尽管哈达迪遗憾缺阵，但在李秋平出色的战前部署下，青岛队球员们依然表现抢眼。

⑳针对地下炒油乱象横行的现象，商务部近日发布炒油风险警报。

㉑事实上，自 2009 年欧债爆发以来，除了德国尚可维持颜面，欧洲经济丑陋的事实一览无余地放在世人面前。

㉒而这个"半仙"刘某，他的无耻行径也终将受到法律的严惩。

㉓在《大清贤相》中，黄新德四个徒弟的出色表演大家有目共睹。

㉔郭维佳的义举在岛城引发强烈反响。

㉕她的善良是我跟她成为好朋友的最大原因。

㉖小美的善意打动了歹徒，歹徒也终于开口说话了。

例⑱至例㉑的语义模式是"NP1 好或坏的性状、行为、影响等"，NP1 是所要抽取的评价对象。句法模式却略有差异，虽然表层句法均是"NP1+ 评价因子 + 的 +NP2"，但成分之间的关系并不一致，在例⑱、例⑲中，NP1、评价因子分别充当 NP2 的定语，即"（阿拉木图）（迷人）的山景""（李秋平）（出色）的战前部署"；在例⑳、例㉑中，NP1 与评价因子组合构成主谓短语充当 NP2 的定语，即"（地下炒油‖乱象横行）的现象""（欧洲经济‖丑陋）的事实"。

例⑫至例⑯的语义模式是"NP1 的好或坏性状、行为、影响等"，NP1 是所要抽取的评价对象。句法模式却略有差异，虽然表层句法均是"NP1+ 的 + 评价因子 +NP2"，但成分之间的关系并不一致。例⑫、例⑬中的"评价因子 +NP2（无耻 + 行径、出色 + 表演）"是"修饰语 + 中心语"的定中关系；例⑭至例⑯中的"评价因子 +NP2（义举 + 岛城、善良 + 朋友、善意 + 歹徒）"并不构成直接语法关系，与评价因子构成直接语法关系的是前面的 NP1，"NP1+ 的 + 评价因子（郭维佳的义举、她的善良、小美的善意）"构成"定语 + 的 + 中心语"的定中短语，充当整个句子的主语，NP2 出现在谓语中，用来陈述主语，说明主语是什么或怎么样。不过，就评价对象抽取而言，这两种句法关系的评价对象均是评价因子前面的定语 NP1，因此可以"求同存异"简化概括为一种句法模式。

另外，有一种情况需要特别注意。下面的例⑰至例⑭似乎完全可以匹配先前几节所论述的句法模式，但实际由于句中某项句法成分语义特征的细微变化，句子并不符合先前所述句法模式所对应的语义模式，因此也就不能按照先前方式抽取评价对象，而应按照本节语义模式"NP1 好或坏的性状、行为、影响等""NP1 好或坏的性状、行为、影响等"，抽取 NP1 为评价对象。例如：

⑰人们用各种词汇形容爱文芒果完美的色香味。

⑱武侯祠馆内岳飞书《前出师表》石刻近日遭到了游客的恶意刻字。

⑲经过多方寻找，尤先生终于找到了这位名叫李玲的善良的姑娘。

⑬这些儿童受侵害事件促使我们重新审视<u>现行儿童保护整体机制缺失</u>的问题。

⑬不久前，韩国的一个民间团体和韩国慰安妇老奶奶们聚集生活的地方"爱之家"分别收到了<u>一个来自不知名的日本右翼分子</u>的恶意礼物。

⑬刘付昌老人说，和日军交战前，他就多次听老兵谈起<u>侵略者</u>的罪恶行径。

⑬引发这次事件最根本原因是<u>医院不公开、不透明</u>的改革方式。

⑬幸好参与施救的群众为<u>付宏</u>的义举拍下了照片，媒体通过这些影像资料多方查找，终于找到他。

例⑫至例⑬貌似符合前述"NP1+ 动词 + 评价因子 +NP2"的句法模式。如例⑫"人们（NP1）+ 形容（动词）+ 完美（评价因子）+ 色香味（名词）"，但"NP1+ 动词 + 评价因子 +NP2"句法模式所对应的语义模式是"NP1 做了好事或坏事"，也就是说，NP1 是后面褒贬内容的生产者、制造者、造成者，这也就要求谓语动词必须是动作行为类动词。但例⑫中的谓语动词"形容"属于描述说明类动词，并不具有产生、支配、影响后面事物褒贬性质的能力。"完美的色香味"是"芒果"本身带有的属性，与前面的主语 NP1"人们"并不具有语义联系，所以应按照本节"NP 好或坏的性状、行为、影响等"的语义模式，抽取褒贬性状的领有者定语 NP"芒果"为评价对象。例⑫至例⑬中的谓语动词"遭到、找到、叫、审视、收到、听、谈起"同样不是动作行为类动词，所以不能抽取谓语动词前面的主语 NP 为评价对象，而应抽取定中短语"NP1+ 评价因子 + 的 +NP2""NP1+ 的 + 评价

因子 +NP2"中评价因子前面的作为褒贬性状、行为、影响等的领有者的 NP1 为评价对象。例⑬似乎符合"NP1+ 存现动词 + 评价因子 +NP2"的句法模式——"原因（NP1）+ 是（存现动词）+ 不公开、不透明（评价因子）+ 改革方式（NP2）"，但并不符合"NP1 是好或坏性质的 NP2"的语义模式。因为 NP1"原因"是用以阐述因果关系的逻辑类词，不具备充当褒贬内容领有者的功能，所以不能充当评价对象，真正的评价对象是定中短语"NP1+ 评价因子 + 的 +NP2"——"医院 + 不公开不透明 + 的 + 改革方式"中充当领有者角色的定语 NP1"医院"。例⑭似乎符合前述"NP1+ 评价因子 + 动词 +NP2"的句法模式——"参与施救的群众 + 义举 + 拍下 + 照片"，但并不符合"NP1 好或坏地做事"的语义模式，评价因子"义举"语义指向的对象并非主语"参与施救的群众"，而是定中短语"付宏的义举"中的定语，即"义举"这一褒义行为的归属者"付宏"。

通过上述分析可知，要想准确抽取评价对象，需要对语言最基本的单位"词"进行较为细致的分类，需要对句子成分之间的句法语义关系加以仔细分辨。例如，将动词划分为动作行为类、描述说明类、感知认知类、致使类、评判类、能愿类等，区分表层语法形式相同而内部语法结构和语义模式却不同的"形同异构""形同异义"句。

二、评价对象是评价因子后面的 NP

评价对象是评价因子后面的 NP 指的是：在句法模式"NP1+ 评价因子 +NP2"中，评价对象是评价因子后面的名词性成分

NP2。根据句法标记和语义模式的不同，大致可以归纳概括为以下四种类型：

1. NP1+ 评价因子（非前指动词）+ 的 + 是 / 为 +NP2：NP1 褒贬的是 / 为 NP2

这种情况指的是以评价因子和 NP2 之间出现助词"的"和判断动词"是 / 为"为标记的句法模式"NP1+ 评价因子（非前指动词）+ 的 + 是 / 为 +NP2"。"NP1+ 评价因子（非前指动词）+ 的"做主语，是 / 为做谓语，NP2 做宾语。其对应的语义模式是"NP1 褒贬的是 / 为 NP2"。之所以将评价因子限定为非前指动词，是因为当评价因子是前指动词时，评价对象是前面的 NP1 而非后面的 NP2。例如：

⑬⑤对外地游客来讲，这种行为损害的是省会的文明形象。

⑬⑥瑞士联邦主席索马鲁加 14 号对当地电台发表讲话表示，恐怖袭击危害的是整个人类社会的基本价值。

评价因子"损害、危害"是前指动词，评价对象是前面的 NP1"这种行为、恐怖袭击"。

当评价因子为非前指动词时，评价对象是后面的 NP2。例如：

⑬⑦段江华说，最令他骄傲的是他的学生。

⑬⑧但平心而论，黄蜂表现最出色的却是巴图姆。

⑬⑨除了收钱，民间的"反传"人士最受诟病的是救人的方式。

⑭⓪现在全球做得最厉害的就是谷歌的机器人，它的智能机器人能达到 3 到 5 岁小孩的水平。

⑭①全球经济 2015 年表现最出色的地区是中国、东欧和美国。

⑭ nc4000 最失败的地方就是<u>用了 ATI 的芯片组</u>，对 PM 的 StepSpeed 支持很差！

⑭其中游客最青睐的国内旅游目的地为<u>三亚等地</u>，最青睐的国际旅游目的地为<u>澳大利亚等</u>。

上述例句均符合"NP1+ 评价因子（非前指动词）+ 的 + 是 / 为 +NP2"的句法模式，评价对象均为 NP2。区别在于：例⑬至例⑭是"NP1+ 评价因子（非前指动词）+ 的"组成"的"字短语（由助词"的"附着在实词或短语后面组成，指称人或事物[61]，如"黄蜂表现最出色的"）做主语，例⑭至例⑭是以"的"为标记的定中短语（"的"字短语后面添加相应的名词，意义变得更为具体，如"全球经济 2015 年表现最出色的地区"）做主语；此外，NP1 在句子中充当的语义角色也不同，例⑬、例⑭、例⑭中的 NP1"他、nc4000、游客"充当的是主体、施事角色，例⑬中的 NP1"民间的'反传'人士"充当的是客体、受事角色，例⑬、例⑭、例⑭中的 NP1"黄蜂、全球、全球经济"充当的是处所、范围等环境角色。不过，上述例句的共同特征是评价对象均为宾语 NP2，所以可以"求同存异"概括为一种句法模式。

上述句法模式的一种变体是：当评价因子是表示评价对象语义类别的泛指名词时，助词"的"不出现。相应句法模式为"NP1+ 评价因子（泛指名词）+ 是 / 为 +NP2"，语义模式为"NP1 褒贬对象是 / 为 NP2"。例如：

⑭两回合比赛中，恒大另一个功臣是<u>黄博文</u>。

⑭近期导致空气质量下降的元凶主要是<u>臭氧</u>。

⑭⑥科比的**偶像**是<u>乔丹</u>，在球场上被认为是距离篮球之神最近的人。

⑭⑦美丽的姑娘也有心中的女神，谈到此问题，三位"三甲"姑娘异口同声地表示<u>女神就是马艳丽</u>。

⑭⑧有广东的手机用户，4个小时手机耗费了23G的流量，后来查明事情的**罪魁祸首**是<u>一款高清儿童试听应用程序</u>。

　　上述例句中的评价因子"功臣、元凶、偶像、女神、罪魁祸首"属于泛指名词，意义抽象概括，表示评价对象的语义类别。真正的评价对象是判断动词"是／为"后面意义具体实在的名词NP2——"黄博文、臭氧、乔丹、马艳丽、一款高清儿童试听应用程序"。判断动词"是／为"也可以省略，评价对象仍是NP2——"恒大另一个功臣黄博文、空气质量下降的元凶臭氧、科比偶像乔丹、三位'三甲'姑娘女神马艳丽、事情罪魁祸首一款高清儿童试听应用程序"，相应句法模式为"NP1+评价因子（泛指名词）+NP2"。"NP1+评价因子（泛指名词）"与NP2异名同物，构成同位短语，评价对象是意义具体、实在的NP2（详见下文）。

　　2. NP1+动词＋评价因子＋的＋NP2：在环境NP1下表现好或坏的NP2，NP1遭遇或涉及好或坏的NP2

　　这种情况指的是以NP1和评价因子之间出现动词、评价因子和NP2之间出现表示定中关系的结构助词"的"为标记的句法模式"NP1+动词＋评价因子＋的＋NP2"。定语中心语NP2是褒贬评价的领有者，是所要抽取的评价对象。其语义模式包括两种类型：一是"在环境NP1下表现好或坏的NP2"，NP1做"动词＋

评价因子"的状语，"NP1+动词+评价因子"组成状中短语做NP2的定语；二是"NP1遭遇或涉及好或坏的NP2"，NP1做主语，谓语动词是遭遇或涉及类动词，不能是动作行为类动词（否则语义模式就变成"NP1做了好或坏的事情NP2"，评价对象就变成NP1了）。例如：

A．NP1做状语

⑭⑨在第二次世界大战中立下<u>赫赫战功</u>的<u>喀秋莎火箭弹</u>也出现在了民众面前。

⑮⓪残疾孩子在学校内享受到的保障已日渐完善，在学校内有<u>善良</u>的<u>同学和老师</u>。

⑮①终场前，全场表现<u>出色</u>的<u>C罗</u>头球再下一城，完成了效力皇马后的第30个帽子戏法。

⑮②在本届世界杯上表现<u>出色</u>的<u>女排姑娘丁霞</u>也跟帖反讽说："博士多还是世界冠军多，呵呵。"

⑮③3分钟后，澳大利亚队第一场比赛发挥<u>出色</u>的<u>卢翁戈</u>送出助攻，克鲁泽中路跟进推射再下一城，将场上比分改写为2∶0。

上述例句中的NP1做状语，修饰后面的"动词+评价因子"，评价对象是结构助词"的"后面的定语中心语NP2。如例⑭⑨"NP1（第二次世界大战）+动词（立下）+评价因子（赫赫战功）+的+NP2（喀秋莎火箭弹）"，"第二次世界大战"做状语，说明"立下赫赫战功"的时间，评价对象是定语中心语"喀秋莎火箭弹"，符合"在环境NP1表现好坏的NP2，NP2为评价对象"的语义模式，其他例句也是如此。

B．NP1 做主语

⑮⑷自己代表团里的一名女团员遭遇了一次"野蛮的"警方查房。

⑮⑸电影里的安托万最终挣脱了缺爱的家庭生活，逃离了虚伪的社会组织（学校、少管所），朝向大海和自由。

⑮⑹年幼独立与这些年走南闯北的经历成就了如今处变不惊的金星。

⑮⑺我们也衷心祝福善良的孙福亮，希望他的生活能够越过越好。

⑮⑻也就是在那个节骨眼上，裁判将发挥出色的罗旭东罚出了场。

⑮⑼只不过这一次，他的对手不再是他视为笨蛋的那些英国上将，而是蒙哥马利。

上述例句中的 NP1 做主语，动词是遭遇、涉及类动词，评价对象是结构助词"的"后面的定语中心语 NP2。如例⑮⑷"自己代表团里的一名女团员（NP1）+ 遭遇（动词）+ 野蛮（评价因子）+ 的 + 警方查房（NP2）"，符合"NP1 遭遇或涉及好或坏的 NP2，NP2 为评价对象"的语义模式，其他例句也是如此。

C．NP1、NP2 分别做主语、状语

⑯⓪半决赛中，德约科维奇将迎战在今年温网表现出色的加斯奎特。

⑯①同事小苗在"双 11"期间抢购了一台非常漂亮的华为 Mate 8 手机。

上述例句主语、状语位置均出现 NP。例⑯⓪的语义模式是"NP1

遭遇或涉及在环境 NP2 下表现好或坏的 NP3"——"主语 NP1（德约科维奇）+ 遭遇类谓语动词（迎战）+ 环境状语 NP2（今年温网）+ 动词（表现）+ 评价因子（出色）+ 的 + 定语中心语 NP3（加斯奎特）"；例⑯的语义模式是"NP1 在环境 NP2 下遭遇或涉及好或坏的 NP3"——"主语 NP1（同事小苗）+ 环境状语 NP2（'双11'）+ 涉及类谓语动词（抢购）+ 评价因子（漂亮）+ 的 + 定语中心语 NP3（华为 Mate8 手机）"。这两种句法语义模式的评价对象均是定语中心语 NP3——"加斯奎特""华为 Mate 8 手机"。

D. 其他

⑯带领队伍取得<u>出色战绩</u>的<u>主帅郝伟</u>的去留自然也是人们关注的焦点。

⑯这样的事情，在划船社区还真不少，每一件事情都让居民记住了给群众<u>办实事</u>的<u>俞书记</u>。

例⑯是连谓短语做定语，句法模式是"谓语动词1（带领）+ 宾语1（队伍）+ 谓语动词2（取得）+ 宾语2（出色战绩）+ 的 + 定语中心语 NP（主帅郝伟）"，定语中心语 NP"主帅郝伟"是前面带有褒义色彩的连谓短语的施事，是所要抽取的评价对象。例⑯是兼语短语做谓语，句法模式是"主语 NP1（每一件事情）+ 兼语类谓语动词（让）+ 兼语 NP2（居民）+ 涉及类动词（记住）+ 环境状语（群众）+ 评价因子（办实事）+ 的 + 定语中心语 NP3（俞书记）"，定语中心语 NP3"俞书记"是前面褒义评价"给群众办实事"的施事，是所要抽取的评价对象。

尽管上述 A、B、C、D 四种句法模式的内部句法结构存在差异，但其表层句法形式均是"NP1+动词+评价因子+的+NP2"，评价对象均是定语中心语 NP2，所以可以"求同存异"概括为一种模式。

3. NP1+评价因子+的+NP2：NP1（性状、行为、影响等）好或坏的 NP2

这种情况指的是以评价因子和 NP2 之间出现表示定中关系的结构助词"的"为标记的句法模式"NP1+评价因子+的+NP2"。该句法模式与前述小节完全相同，语义模式却截然相反。前述小节句法模式对应的语义模式是"NP1 好或坏的性状、行为、影响等"，定语 NP1 是后面褒贬评价的领有者，是所要抽取的评价对象；本小节句法模式对应的语义模式是"性状、行为、影响等好或坏的 NP2"，定语中心语 NP2 是前面褒贬评价的领有者，是所要抽取的评价对象。例如：

⑯生性善良的阿尼帕看到这一切，二话没说把孩子们接进了家。

⑯起步出色的布隆特·坎贝尔将优势保持到最后，以 52 秒 52 获得冠军。

⑯状态更加出色的瓦林卡全面压制对手，最终以 6：3 和 6：2 轻松胜出。

⑯平衡力特别出色的她会滑板，会用两只爪走路，会跳绳以及其他许多令人印象深刻的技能。

⑯香港高额的生活教育成本，特别是令人望而却步的房价，这都成了有些大学生有心思谈恋爱却没有勇气结婚的重要障碍之一。

⑯阅兵场上完美的人车结合，自然也离不开车辆驾驶员精细化的驾驶训练。

⑰一小伙在年轻漂亮的售楼小姐游说下，缴纳了十万元的购房定金，但是后来他改主意想退款时，遭到了拒绝。

上述例句均符合"NP1+评价因子+的+NP2"的句法模式，评价对象均为NP2。不过，NP1与评价因子的句法关系，NP1与NP2的语义关系却不尽相同。例⑯至例⑯中的NP1与评价因子是主谓关系，"NP1+评价因子"组合构成主谓短语做后面NP2的定语修饰语；NP1与NP2是从属语义关系，NP1是从属于NP2的性状、行为、影响等。例⑯、例⑰中的NP1与评价因子（"阅兵场"与"完美"、"一小伙"与"年轻漂亮"）并不构成直接语法关系，评价因子只与后面的NP2构成直接语法和语义关系（"完美"与"人车结合"、"年轻漂亮"与"售楼小姐"），评价因子是NP2的定语修饰语，语义指向NP2；NP1与NP2也不具有从属语义关系，而是环境关系（"阅兵场"与"人车结合"）、受事与施事（"一小伙"与"售楼小姐"）等语义关系。尽管上述不同例句内部句法语义存在差异，但其表层句法形式均为"NP1+评价因子+的+NP2"，评价对象均为定语中心语NP2，所以可以"求同存异"概括为一种模式。

4. NP1+评价因子（泛指名词）+NP2（特指名词）：褒贬对象NP2

这种情况指的是评价因子是语义抽象概括的泛指名词，后面紧跟语义具体实在的特指名词。"NP1+评价因子"或评价因子与 NP2 构成同位短语，两者是互相说明的复指关系，虽然词语形式不同，但所指是同一事物，即"NP1+ 评价因子"或评价因子 =NP2。语义模式是"褒贬对象 NP2"，NP2 是所要抽取的评价对象。例如：

⑰我们的同学，人民的<u>英雄何九春同学</u>，他很好地诠释了生命的意义。

⑰国民党抗日<u>英雄梁鸿云</u>，在 1937 年淞沪会战爆发第二天，两次升空驾驶驱逐机迎敌。

⑰小黄人在寻找新主人的路上遇到了史上<u>最卑鄙的坏蛋斯嘉丽</u>。

⑰最后，他虽然无法阻止<u>小坏蛋赵盘</u>变成嬴政一统天下，但他可以生一个儿子叫作项羽。

上述例句均符合"NP1+ 评价因子（泛指名词）+NP2（特指名词）"的句法模式，语义模式均是"褒贬对象 NP2"，特指名词 NP2 是所要抽取的评价对象。但句法成分之间的关系有所差异：在例⑰、例⑰中，NP1 做评价因子的定语，定中短语"NP1+评价因子"与 NP2 构成同位短语，即"人民（NP1）+ 英雄（泛指名词评价因子）= 何九春同学（特指名词 NP2）""国民党（NP1）+ 抗日英雄（泛指名词评价因子）= 梁鸿云（特指名词 NP2）"；而在例⑰、例⑰中，NP1"小黄人""他"做句子主语，"评价因子 +NP2"做句子宾语，NP1 与"评价因子 +NP2"不构成直接语法关系，评价因子独自与 NP2 构成同位短语，即"最卑鄙的坏蛋（泛指名词评价因子）= 斯嘉丽（特指名词NP2）" "小坏蛋（泛指名词评价因子）= 赵盘（特指名词NP2）"。尽管内部句法结构存在差异，但其表层形式均为"NP1+评价因子（泛指名词）+NP2（特指名词）"，评价对象均为NP2（特指名词），所以就评价对象抽取而言，可以将两者合而为一进行处理。

第三节　评价对象省略，需要进行语篇分析、跨句查找的情况

评价对象省略，是指评价对象并未与评价因子出现在同一小句或句子中，而是出现在语篇其他小句或句子中，或根本没有出现在语篇中，评价因子语义指向语篇外部的人或事物。因此，需要进行判断：

（1）评价对象是否与评价因子出现在了同一小句或句子中？如果是，就按照之前论述的句内共现情况的相应规则进行处理（如第四章第一节评价对象与评价因子之间跨越名词/名词短语的远距离搭配情况，第四章第二节评价因子前后均有名词/名词短语的两难选择情况等）；如果不是，则需进一步判断：

（2）评价对象出现在评价因子所在句前面还是后面的小句或句子中？

（3）评价对象出现在前面或后面相邻的还是不相邻的小句或句子中？

（4）评价对象是前面或后面相邻或不相邻的小句或句子中

的何种句法成分，主语、宾语、抑或其他成分？

（5）评价对象是否未出现在语篇之中，而是出现在语篇之外？

评价对象省略包括承前省略、蒙后省略、语篇外省略三种基本类型，具体包括承前主语省略、承前宾语省略、蒙后主语省略、蒙后宾语省略、不便说出、无须说出、无法说出七种下位类型。

一、承前省略

承前省略，指的是为了使表述简洁、避免啰唆，评价对象承评价因子前面小句或句子中已经出现的某一句法成分而省略的现象。主要包括承前主语省略、承前宾语省略两种类型。

1. 承前主语省略

承前主语省略，指的是评价对象承前面小句或句子的主语而省略的现象。根据距离远近，可分为相邻句、跨一句、跨两句、跨两句以上省略。

A. 相邻句

评价对象是评价因子前面相邻句的主语。例如：

⑰这小子肯定是因为我欠他一顿酒没还，竟然使用这种卑鄙手段！

⑯养老金并轨方案千呼万唤始出来，被业内看作养老概念股的重大利好。

⑰奥朗德当选不满一年他的支持率就下降到30%以下，成为自1981年以来法国最不受欢迎的总统。

评价因子"卑鄙""利好""不受欢迎"的评价对象，是其前面相邻句的主语"这小子""养老金并轨方案""奥朗德"。

B. 跨一句

评价对象是评价因子前面跨一个小句或句子的主语。例如：

⑰⑧#钓鱼岛#<u>日本</u>在中国淘金，然后用淘来的钱去买钓鱼岛，多么的<u>可耻</u>啊！

⑰⑨<u>闽南文化</u>源自中原，历经千百年的积淀与传承，形成了自己独特的人文<u>魅力</u>。

⑱⓪而<u>地处无锡的江苏省寄生虫病防治研究所</u>，多年来致力于青蒿素在非洲的推广应用，也由此受到了世界卫生组织的高度<u>肯定</u>。

评价因子"可耻""魅力""肯定"的评价对象，是其前面跨一个小句的主语"日本""闽南文化""地处无锡的江苏省寄生虫病防治研究所"。

C. 跨两句

评价对象是评价因子前面跨两个小句或句子的主语。例如：

⑱①<u>老人</u>有四兄弟，19岁那年因抓壮丁而参的军，在部队经过艰苦训练，成了一名<u>出色</u>的机枪手。

⑱②因为<u>人民调解</u>不收费，达成协议具有法律效力，短时间就地化解矛盾，越来越受到群众<u>认可</u>。

⑱③<u>ATR-72机型</u>是法国跟意大利合资打造的飞机，从1988年生产至今全球678架，因为低运营成本和低排放量，获得了短途运营商的<u>青睐</u>。

评价因子"出色""认可""青睐"的评价对象，是其前面跨两个小句的主语"老人""人民调解""ATR-72机型"。

D. 跨两句以上

评价对象是评价因子前面跨两个以上小句或句子的主语。例如：

⑱他首先从群众亟待解决的行路难问题入手，多方奔走，筹资30多万元，从罗岭乡政府到讲理村修通一条2.3公里的道路，一举解决了讲理村不通水泥路的历史，由此赢得了群众的信任。

评价因子"信任"的评价对象是其前面跨越四个小句的主语"他"。

另外，主语所在句前面，还可以有状语。例如：

⑱ 1937年12月，日军占领南京，制造了灭绝人寰的大屠杀事件。

⑱今年上半年，一些品牌纷纷开发出小型SUV产品，成功扭转了不利的市场局面。

⑱而在半场即将结束时，鲲鹏队员宁浩在对方禁区前接到队友斜传，并完成了一次精彩的凌空半转身射门。

⑱与以往军旅题材的电视剧不同，《大熔炉》大打青春牌，把军旅文化与青春时尚完美结合在一起。

⑱在残酷恶劣的斗争环境中，何玲在苏北抗日根据地坚持战斗5年，出色完成了上级交予的多项任务。

例⑱至例⑱句首是时间状语，例⑱句首是比较状语，例⑱句首是环境状语。

有些时候，分处两个小句中的两个评价因子，语义指向同一评价对象。例如：

⑲这个老头非但没让观众<u>讨厌</u>，反而让人觉得"萌萌哒"。

⑲<u>塑料袋</u>给人们带来<u>方便</u>的同时，也造成了越来越严重的<u>污染</u>。

⑲而<u>小郭</u>是这一项目中的<u>佼佼者</u>，每次都能<u>出色</u>完成培训任务。

⑲此外，<u>融资租赁方式</u>能<u>有效降低</u>融资利息，<u>有助于降低</u>总体融资成本。

⑲<u>非正规出游</u>不仅给参与者带来安全<u>隐患</u>，也会造成很大的社会资源<u>浪费</u>。

⑲<u>飙车者</u>通过飙车来追求刺激或"自我挑战"，不但<u>危及</u>其自身，还会对他人生命健康权和财产权构成极大<u>威胁</u>。

⑲<u>吉布森</u>不仅能够个人攻击，在组织串联方面也非常<u>出色</u>，用巩晓彬的话说，是那种打球用脑子的球员。

⑲2014 年<u>南笙</u>参加录制《天天向上》，同大部分网红一样，走出平面照片就<u>让人幻灭</u>，虽然还是一身古装长发，但完全没有了照片上的<u>古典灵气</u>。

上述例句均含有两个评价因子，且分布在不同小句中，但语义指向同一评价对象。

虽然评价对象与评价因子所在句的距离有远有近，但其共同特征是“评价对象是评价因子前面的小句或句子中距离评价因子最近的那个主语”。所以，只需以评价因子为锚点，向前回溯，找出最先出现的主语即可。承前主语省略是汉语中最常见的承前省略类型，属于惯常性用法，可称为无标记省略。

2. 承前宾语省略

承前宾语省略指的是评价对象承前面小句或句子的宾语而省略的现象。其判断标记是引入类动词、主张类动词。

A. 引入类动词

引入类动词指的是引入新信息，并使新信息成为接下来议论的主题的动词，包括“有、爆料、推出、买、购买、谈、谈到、开发出、设计出、出现了、经历了”等。例如：

(198)现在很多城市都有公共自行车，给出行带来了便利。

(199)日本养老院就推出了赌博康复法，很受老人们欢迎。

(200)潘基文还主动谈到了中国建设“一带一路”的愿景，并且表达了高度赞赏。

(201)几年前，李先生买了一台松下 42 寸等离子电视，用了还不到半年，毛病就来了。

(202)中国科协主席谈“64 篇中国论文被撤事件”：“给我国学术界带来严重负面影响”。

(203)近日，日本一家公司开发出了一款被设计成可爱笑脸模样的 LED 灯，一经推出就受到许多人追捧。

(204)韩国刚刚经历了一场历时长久的中东呼吸综合征疫情，不仅给韩国人的健康带来了威胁，给韩国的经济更是带来了严重的损失。

上述例句中，后面小句评价因子的评价对象是前面小句中引入类动词的宾语。如例⑲⑧后面小句评价因子"便利"的评价对象是前面小句引入类动词"有"的宾语"公共自行车"；例⑲⑨后面小句评价因子"欢迎"的评价对象是前面小句引入类动词"推出"的宾语"赌博康复法"；例⑳⓪、例⑳①后面小句评价因子"赞赏""毛病"的评价对象是前面小句引入类动词"谈到""买"的宾语"中国建设'一带一路'的愿景""松下 42 寸等离子电视"。引入类动词引入的新信息成为后面小句议论的主题，充当评价因子的评价对象。

B. 主张类动词

主张类动词指的是预示说话人观点见解的动词。其后面常接主谓短语做宾语，主谓短语的主语通常作为下文议论的主题，充当句中评价因子的评价对象。

主张类动词包括"认为、觉得、表示、反映、承认、指出"等。例如：

⑳⑤国家队主帅佩兰认为鲁能球员蒿俊闵踢的位置太多，但不足够出色。

⑳⑥泰安市交通局在回复该提案时承认，收费站地处区县交界处，"给过往车辆带来了不便"。

⑳⑦泰达一位球员表示，虽然瓦格纳刚刚随队合练，但显示了不俗的个人能力，大家能感觉到这是一位技术出色的球员。

⑳⑧济南天桥区北苑小学的家长反映，学校附近一座混凝土搅拌站在生产过程中产生大量的粉尘和噪音，600 多名师生饱受侵害。

⑳美国媒体在报道俄罗斯的这项最新决定时指出，<u>此举</u>将使伊朗核协议最终达成复杂化，并<u>损害</u>奥巴马政府向国会和盟友推销这项协议的努力，也会使美俄关系更加紧张。

上述例句中，后面小句评价因子的评价对象是前面小句中充当主张类动词宾语的主谓短语的主语。如例⑳后面小句评价因子"出色"的评价对象是前面小句中充当主张类动词"认为"宾语的主谓短语"鲁能球员蒿俊闵 ‖ 踢的位置太多"的主语"鲁能球员蒿俊闵"；例⑳、例⑳后面小句评价因子"侵害""损害"的评价对象是前面小句中充当主张类动词"反映""指出"宾语的主谓短语"学校附近一座混凝土搅拌站 ‖ 在生产过程中产生大量的粉尘和噪音""此举 ‖ 将使伊朗核协议最终达成复杂化"的主语"学校附近一座混凝土搅拌站""此举"。主张类动词预示后面内容是说话人的观点见解，主谓短语构成观点见解的具体内容，主谓短语的主语构成观点见解的评论主题，构成句中评价因子的评价对象。

二、蒙后省略

蒙后省略指的是评价对象蒙评价因子后面小句或句子中即将出现的某一句法成分而省略的现象，主要包括蒙后主语省略、蒙后宾语省略两种类型。

1. 蒙后主语省略

蒙后主语省略指的是评价对象蒙后面小句或句子的主语而省略的现象。例如：

第四章 评价对象抽取研究

㉑⓪不仅欺骗买手机的人，<u>徐某</u>连卖家都骗。

㉑⓵<u>颜值高</u>，<u>性能好</u>，魅族 Pro6 东营热卖 1850 元。

㉑⓶由于工作<u>出色</u>，<u>何得文</u>被授予联合国"和平勋章"。

㉑⓷通过菲南海仲裁案问题<u>抹黑</u>中国，<u>打击</u>中国的国际声誉，是一出早已写好剧本的"神剧"。不管叫不叫好，叫不叫座，<u>菲、美、日</u>都会硬着头皮演下去。

上述例句中，评价对象并未与评价因子在同一小句中共现，而是蒙后面小句或句子的主语而省略。如例㉑⓪前一小句评价因子"欺骗"的评价对象，蒙后一小句主语"徐某"而省略；例㉑⓵前一小句评价因子"颜值高、性能好"的评价对象，蒙后一小句主语"魅族 Pro6"而省略；例㉑⓶前一小句评价因子"出色"的评价对象，蒙后一小句主语"何得文"而省略；例㉑⓷前一句子评价因子"抹黑""打击"的评价对象，蒙后一句子主语"菲、美、日"而省略。蒙后主语省略是汉语中最常见的蒙后省略类型，属于惯常性用法，可称为无标记省略。

2. 蒙后宾语省略

蒙后宾语省略指的是评价对象蒙后面小句或句子的宾语而省略的现象。其判断标记是后面小句或句子包含动宾短语"语义后指动词＋宾语"，或状中短语"介词（对／对于／向／给／为）＋宾语＋语义后指动词"。例如：

㉑⓸因为<u>信任</u>，所以我选择<u>别克君越</u>。

㉑⓹谁说颜值高就不能<u>性能强</u>，安卓就选<u>这款</u>。

㉑⓺给山东人<u>争光</u>，我们非常高兴，我们<u>支持她</u>。

㉑不少网友点赞，对该女士的行为表示支持。

例㉑至例㉑前一小句评价因子的评价对象，是包含"语义后指动词+宾语"的后面小句的宾语。如例㉑前一小句评价因子"信任"的评价对象，是后面小句中语义后指动词"我选择"的宾语"别克君越"；例㉑前一小句评价因子"颜值高""性能强"的评价对象，是后面小句中语义后指动词"就选"的宾语"这款"；例㉑前一小句评价因子"争光"的评价对象，是后面小句中语义后指动词"支持"的宾语"她"；例㉑前一小句评价因子的评价对象，是包含状中短语"介词（对/对于/向/给/为）+宾语+语义后指动词"的后面小句的介词宾语；例㉑前一小句评价因子"点赞"的评价对象，是后面小句中状中短语"对+该女士的行为+支持"的介词宾语"该女士的行为"。蒙后宾语省略的特征是：（1）被省略的评价对象是后面小句中语义后指动词的宾语（动词或介词宾语）；（2）评价对象省略句与评价对象未省略句都是评价句；（3）评价对象省略句与评价对象未省略句存在"原因—结果"或"结果—原因"的逻辑语义关系，即：因为 × 好或坏，所以褒扬或贬斥它（例㉑至例㉑）；褒扬或贬斥 ×，因为赞同或反对它（例㉑）。

三、语篇外省略

语篇外省略指的是在语篇内找不到评价对象的现象。评价因子语义指向语篇外部的人或事物。原因有三：一是出于避讳，不方便说出评价对象；二是评价对象是听说双方共知的背景信息，无须说出；三是说话人并不知道评价对象是谁，无法说出评价对象。

1. 不便说出

㉘是谁我就不说了，给脸不要脸。

㉙我就不说都是谁了，就这样的水平还好意思哂？

㉚蚌埠交通局一领导公车私用 纪委：不方便透露姓名职务

㉛国防部新闻发言人吴谦：在中国，"霸权主义"这个词是有特指的，指的是谁，谁心里明白。

上述例句中，说话人其实是知道评价对象是谁的，但出于照顾对方的面子、政治等因素，不便于明说。识别标记词包括"我就不说是谁了；是谁我就不说了；不方便透露；指的是谁，谁心里明白"等。

2. 无须说出

㉒萌娃心中的"羊城八景"是这样的！画得好美啊！（"文明旅游，始于足下"——海珠区手绘鞋亲子活动图文报道）

㉓"我认为特别地令人震惊，我的意思是我无法用语言形容，实在是太完美了。"（里约奥运会开幕式表演结束后，记者现场采访一名巴西当地观众）

例㉒评价因子"好美"，在《南方日报》的新闻报道中有相应的配图；例㉓评价因子"完美"，根据对话发生的情境，自然指的是刚刚结束的"里约奥运会开幕式表演"。这些都属于评价对象隐藏在听说双方共知的背景信息中，无须说出也不会造成理解困难或歧义。这种情况常发生于图文报道、电视解说、采访对话等有背景信息支持的语境中。

3. 无法说出

㉔昨天我在网上看到一个<u>美女</u>，可惜不知道是谁。

㉕不过，也不知道是谁这么<u>无聊</u>，居然公然"<u>挑衅</u>"派出所。

㉖不知道是哪位<u>好心人</u>，给我垫付了 1000 元医药费，在危难时刻慷慨解囊，救我一命，我却连<u>恩人</u>是谁都不知道。

㉗在城市阳台附近，两条编织巨龙上面本来用青花瓷盘整整齐齐地装饰着，可是不知道是哪个<u>缺德</u>的人，把能够得着的盘子都顺走了！

上述例句之所以没有出现评价对象，是因为说话人并不知道评价对象是谁，即便想说也无法说出评价对象。识别标记词包括"不知道是谁、是谁都不知道、不知道是哪个"等。

以上就是评价对象省略，需要进行语篇分析、跨句查找的三种基本情况——承前省略、蒙后省略、语篇外省略。省略是为了使表达简洁、避免啰唆，某一句子结构成分承接前面已经出现、后面即将出现或语篇之外的某一内容"隐而不显"，从而形成句法空位的现象。省略是发生于复句的分句与分句之间或两个或两个以上句子之间的语言现象，在包含句法空位的分句或句子外部，必定有一个"既已存在"的参照物。而下面两种情况，虽然句子内部用逗号分隔，形成几个小句，但只是发生于同一个主谓宾结构内部，不存在承接句子外部另一个主谓宾结构的某一结构成分而省略从而形成句法空位的现象，因此不能算作省略句。

（1）化长句为短句。

㉒㉘ "蜜芽" 网站这样的做法，使我们有被忽悠的感觉。

㉒㉙最让李女士难以接受的，还是微信营销里的欺骗手法。

㉒㉚一些厂商为了吸引眼球，就无下限地让模特暴露着装和大尺度表演。

㉒㉛有分析认为，收购O2，将为李嘉诚最近的海外并购 "狂欢" 画上一个完美的句号。

上述例句虽然评价因子与评价对象之间用逗号隔开，但并不是省略句，而是由于句子的主语或状语成分较长，在主语或状语后面使用逗号来表示语气停顿，从而使句子更易读，句子结构成分之间的界限更分明。用逗号分隔开的几个成分是一个句子的不同结构成分，他们之间是相互依存的句法关系，而不是承前或蒙后省略的句间关系。如例㉒㉘ "'蜜芽' 网站这样的做法" 做句子主语，"使我们有被忽悠的感觉" 做句子谓语，两者相互依存，共同构成一个句子，各自独立来看都不能表达完整的意思，都不能独立成句。

（2）倒装句。

㉒㉜好美啊，这里的风景。

㉒㉝畜生不如，这种行为简直就是！

㉒㉞凭借在G20峰会上的亮丽表现，如今，贝发的 "中国好笔" 已收到上万支的订单。

㉒㉟对于《百鸟朝凤》，贾樟柯、韩寒是称赞有加；对于吴天

<u>明导演</u>，他们是<u>推崇备至</u>。

上述例句虽然评价因子与评价对象之间用逗号隔开，但同样不是省略句，而是颠倒了正常语序的倒装句。例㉜将谓语置于主语之前，例㉝将宾语置于主语和谓语动词之前，例㉞、例㉟将状语置于主语和谓语中心语之前。倒装句与原句相比基本意思不变，语用价值却不同，可以对前置的内容起到突出、强调的作用。倒装句只是改变了句法成分的常规组合顺序，属于句子结构内部语序的调整，而非跨句省略。如例㉜可以还原为一般句式："这里的风景好美啊。"这显然是一个完整的主谓结构，不存在句法成分的缺省。

第四节　本章小结

本章针对评价对象抽取任务面临的三大瓶颈问题——评价对象与评价因子之间跨越名词/名词短语的远距离搭配情况，评价因子前后均有名词/名词短语的两难选择情况，评价对象省略，需要进行语篇分析、跨句查找的情况进行了研究。从词汇、句法、语义、语篇四个维度系统、全面地加以考察分析，将每一瓶颈问题归纳概括为几种基本类型，然后将每一基本类型分解为不同句法结构及语义模式的具体类型，并找出识别和判定每一具体类型的词汇标记，从而构建起评价对象抽取四维语言规则模型。通过分析研究，得出如下结论（见表4.1、表4.2、表4.3）：

表4.1 评价对象与评价因子之间跨越名词／名词短语的远距离搭配情况

基本类型		具体类型
致使类		NP1+ 致使 +NP2+ 评价因子 (语义后指动词)
		NP1+ 致使 +NP2+ 感知 + 评价因子 (心理感觉或认知型)
		NP1+ 盖然 + 致使 +NP2+ 评价因子 (非语义后指动词)
介引类	主动	NP1+ 介词 1+NP2+ 评价因子 (非语义后指或心理类词)
		介词 1(对 / 对于 / 面对 / 关于)+NP2+NP1+ 评价因子 (语义后指或心理动词)
		介词 1(对 / 对于 / 面对 / 关于)+NP2+NP1+ 感知 + 判断 + 评价因子
		NP3〔+ 介词 1(对 / 对于 / 面对 / 关于)+NP2〕+NP1+ 感知 / 判断 + 评价因子
	被动	NP1+ 介词 2+NP2+ 评价因子 (语义后指或心理类词)
		NP1+ 被 +NP2+ 评判动词 + 评价因子
存现类		NP1+ 存在 +NP2+ 评价因子
		NP1+ 出现 +NP2+ 评价因子
		NP1+ 消失 +NP2+ 评价因子

注释：下面两种特殊情况，评价对象是距离评价因子较近的 NP2：

（1）介引类——主动：NP1+ 把 / 将 +NP2+ 评判动词 + 评价因子；

（2）存现类——存在：NP1+ 存在 +NP2+ 的 + 评价因子 (专指定语的评价名词)。

表4.2 评价因子前后均有名词／名词短语的两难选择情况

基本类型	具体类型	
	句法结构	语义模式
评价对象是评价因子前面的 NP	NP1+ 动作行为动词 + 评价因子 +NP2	NP1 做了好事或坏事 NP2
	NP1+ 存现动词 + 评价因子 +NP2	NP1 是好或坏性质的 NP2
	NP1+ 评价因子 + 动词 +NP2 NP1+ 评价因子 +NP2+ 动词	NP1 好或坏地做事
	NP1+ 被 + 评判动词 + 评价因子 +NP2	NP1 被评判为好或坏的
	NP1+ 把 / 将 +NP2+ 评判动词 + 评价因子 +NP3	NP1 把 / 将 NP2 评判为好或坏的
	NP1+ 评价因子 + 的 +NP2	NP1 好或坏的性状 / 行为 / 影响等
	NP1+ 的 + 评价因子 +NP2	NP1 好或坏的性状 / 行为 / 影响等
评价对象是评价因子后面的 NP	NP1+ 评价因子 (非前指动词)+ 的 + 是 / 为 +NP2	NP1 褒贬的是 / 为 NP2
	NP1+ 评价因子 (泛指名词)+ 是 / 为 +NP2	NP1 褒贬对象是 / 为 NP2
	NP1+ 动词 + 评价因子 + 的 +NP2	在环境 NP1 下表现好或坏的 NP2 NP1 遭遇或涉及好或坏的 NP2
	NP1+ 评价因子 + 的 +NP2	性状、行为、影响等好或坏的 NP2
	NP1+ 评价因子 (泛指名词)+NP2(特指名词)	褒贬对象 NP2

表 4.3　评价对象省略，需要进行语篇分析、跨句查找的情况

基本类型	具体类型	识别标记
承前省略	承前主语省略	无标记（默认）
	承前宾语省略	引入类动词、主张类动词
蒙后省略	蒙后主语省略	无标记（默认）
	蒙后宾语省略	语义后指动词 + 宾语 介词（对 / 对于 / 向 / 给 / 为）+ 宾语 + 语义后指动词
语篇外省略	不便说出	我就不说是谁了、是谁我就不说了、不方便透露
	无须说出	图文报道、电视解说、采访对话等语境中的背景信息
	无法说出	不知道是谁、是谁不知道、不知道是哪位 / 哪个

此外，准确、完整地抽取评价对象，需要树立“大 NP”与“大 Fa”的思想。

（1）大 NP：主要包括数量名短语、指量名短语、联合短语、以结构助词“的”为标记的定中短语四类名词性短语。例如：

㉓⑥事情的罪魁祸首是一款高清儿童试听应用程序。（数量名短语）

㉓⑦这种骑行婚礼很有创意，也宣传了绿色、低碳环保运动。（指量名短语）

㉓⑧当今世界，甘地、特瑞莎修女、曼德拉和焦裕禄都是行不言之教的榜样。（联合短语）

㉓⑨少数地方依靠发债的方式维持养老金发放的做法并不可取，不仅无法可依，而且会加重地方财政负担，提高财政风险。（以结构助词“的”为标记的定中短语）

（2）大 Fa：最常见的是“评价因子［+的］+抽象名词”。例如：好 / 坏［+的］+人 / 事 / 事物 / 事情 / 现象 / 行为 / 方式 /

方法 / 做法 / 活动 / 东西 / 狗 / 书 / 车 / 歌 / 电脑 / 手机 / 地段 / 楼房 / 朋友 / 老师 / 学生 / 父亲 / 母亲 / 孩子 / 老板 / 员工 / 教练 / 运动员 / 赛事 / 节目 / 导演 / 演员 / 电影 / 电视剧。评价因子"好 / 坏"评价的对象并非后面的抽象名词,"评价因子[+的]+抽象名词"组成大颗粒度评价因子,语义指向某一具体名词。例如:她是一位好老师。《你的名字》是一部好电影。"好老师""好电影"是大颗粒度评价因子,语义指向句子中的具体名词"她""《你的名字》"。

我们通过制定词语合并规则,将上述四类大颗粒度名词性短语合并为一个 NP,将大颗粒度评价因子——"评价因子[+的]+抽象名词"合并为一个 Fa,代入表 4.1、表 4.2、表 4.3 的规则之中,以此提升系统评价对象抽取的准确性和完整性。

第五章

系统实现与实验

本章将对第二、第三、第四章评价本体研究的结果用机器可读的形式语言进行描写，然后添加到评价分析系统的语义词典、评价句识别规则库、褒贬极性判定规则库、评价对象抽取规则库等相应模块当中；选取实验语料，对比评价知识本体添加前后系统各项性能指标（准确率、召回率、F1值）的变化情况，检验评价本体的研究结果对评价分析是否有效。

第一节　系统实现

采用人工定义的词性、词义符号，结合逻辑符号［或"/"、且"&"、非"!"、优先符"（　）"］与运算符号（字符通配符"*"、字符标记通配符"%"、规则项分隔符"+"、规则项越过符"#［　］"、项位符"Nn"、赋值符"："等），对第二、第三、第四章评价本体的研究结果进行机器可读的形式化表示，然后添加到现有评价分析系统 CUCsas 词典、规则库的相应模块当中，即形成了升级版的中文评价分析系统 CUCsas。词典是静态词汇知识，提供词形、词性、词义、词的褒贬极性及强度等最基本的元素级特征；规则是动态组合知识，提供词性组合、词义搭配与限制、语篇推进模式等整体性的短语级、句子级、篇章级特征。词典与规则是互动关系，两者只有相互配合才能有效工作，单纯依靠词典或单纯依靠规则，系统均不能正常运转。词典与规则的关系相当于"货源—货架"：词典知识是规则知识的形成基础，提供规则的基本单位；规则知识是词典知识的有机整合，提供词典知识的具体搭配组合。评价分析系统的词典主要包括词性词典、语义词典、褒贬词典，规则主要包括评价句识别、褒贬极性判定、评价对象抽取三个规则库。下面的表 5.1 是对中文评价分析系统 CUCsas 词典与规则库新增内容的说明。

表 5.1　中文评价分析系统 CUCsas 词典与规则库新增内容

序号	特征	功能	示例	形式化
1	程度副词 + × ×		有点儿｜很｜非常｜特别｜极其｜最 + 不能接受	1*/cdd+# [*/!w] +*/u/e/y/r/c/w=N2
2	动词 + 得 + × ×	识别词典未登录评价因子与上下文相关型评价因子，提升评价句识别召回率。	分析得有鼻子有眼、表现得跟野狗一样没规矩	2*/v+ 得 /u+# [*/!w] +*/u/e/y/r/c/w=N3
3	× × + 地 + 动词		悲催地成为、又好又快地建设	3*/n/r/d/c/v/w+# [*/!w] + 地 /u+*/v=N2
4	评价因子 + 并列词｜转折词 + × ×		任性 +、｜和｜与｜及｜以及｜且｜或｜或者｜并｜并且｜而｜而且｜又 + 带有一定的盲目性 有效 +、却｜但｜但是 + 还不够理想	4*/vl+*/blc/zzc# [*/!w] +*/d/u/e/y/r/c/w=N3
5	× × + 并列词｜转折词 + 评价因子		造假和炫富 诈捐、作秀、炫富	5#1：3 [*/!w] +*/b1c/zcc+*/vl=N1
6	目的计划类	取消评价消解因子管辖范围内评价因子的褒贬倾向性，过滤包含评价因子但并不具有评价意义的"伪评价句"，提升评价句识别准确率。	目的是、目标是、任务是、为的是、是为了、致力于、为、为了、旨在、要想、试图、力图、计划、打算、将、以、以便、以求、用以、借以、好让、以免、免得、省得、以防、以……为目标	6*/xjc+# [*/!w] +*/vl=N3：0 7*/vl+# [*/!w] +*/xjc=N1：0
7	疑问询问类		如何、几何、怎、怎么、怎样、哪、哪儿、哪个、哪里、哪些、哪位、哪家、哪种、不知道、能否、是否、可否、与否、有无、有没有、能不能、是不是、该不该、应不应该、应该不应该、会什么、什么、什么样、多少、多远、多大、多长、多重、多宽、多厚、多高、何在、好坏、利弊、对错、善恶、美丑、成败、优缺点、尚不清楚、尚难判断、？、是……还是……、孰……、孰……、评价因子 + 不 + 评价因子、评价因子 + 啥｜吗｜么｜没｜不｜没有	8*/fwc+# [*/!w] +*/vl+# [*/!w] +?/w=N3 × 1 9*/vl+#+ 为什么 / 为何 / 为哪般 /r+?/w=N1 × 1 10 怎能 / 咋能 / 岂能 /d+# [*/@w] +*/po+#+ ?/w=N3 × (-1) 11 怎能 / 咋能 / 岂能 /d+# [*/!w+*/ne+# [*/!w] +?/w] =N3 × (-1) 12 以 /p+# [*/!w] +*/vl+ 为 /p+ 目标 /n=N3：0 13 是 /v+# [*/!w] +*/vl+# [*/!w] +还 /d+# [*/!w] +*/vl=N3N7：3 14 孰 /r+*/vl+ 孰 /r+*/vl=N2N4：3 15*/vl+ 不 /d+*/vl=N1N3：0 16*/vl+ 啥 / 吗 / 么 / 没 / 不 / 没有 /%+*/w/y/e=N1：0 17*/w+*/!(nr/ns/nt/nq/jnt/in)+*/vl+ 的 /u+# [*/!(nr/ns/nt/nq/na/jnt/jn)] +*/w=N3：0 18*/w+# [*/!(nr/ns/nt/nq/nz/jnt/jn)] +*/vl+ [的 / 之 /u] +*/cgn+# [*/!(nr/ns/nt/nq/nz/jnt/jn)] +*/w=N3：0
8	建议要求类		呼吁、倡议、倡导、鼓励、建议、要、需要、要求、应、应该、应当、必须、切勿、促进、增强、推动、改善、规范、提升、提高、创新、优化、丰富、健全、完善、维护、保障、深化、细化、确保、努力实现、积极开展	
9	客观指涉类		指、意思是、定义、界定、何为、何谓、划分、分为、分成、有些、有个、某个、某些、多少、其他、别的、对、对于、关于、针对、面对、遇到、评价因子 + 的、评价因子 [+ 的｜之] + 抽象概括性名词	

续表 5.1

序号	特征	功能	示例	形式化
10	否定动词		没有｜缺少｜缺乏＋精彩之处｜亮眼的表现、没有独生子的娇惯和任性、对动物连起码的尊重都没有、连一个像模像样的专业电影奖项都没有、没一个北京球迷会对此满意、没有小朋友喜欢跟他一起玩儿	19*/fdv+#［！的 /!(v/iv/lv/1gv/w)］+*/vl&(n/in/1n/1gn)=-N3 20*/fdv+#［！的 /!(v/iv/lv/lgv/w)］+*/vl+ 的 / 之 /u=-N3 21*/fdv+#1：5［*/!(v/iv/lv/lgv/w)］+ 的 /u+#［*/r/q］+*/vl=-N5 22*/fdv+#［!/fdv+#！(的 /!(v/iv/lv/lgv/w)]+*/n+#［*/!w］+*/vl&/hzv=-N5 23*/vl+#［*/!w］+*/fdv+*/w/y/e=-N1
11	否定副词	翻转受否定因子管辖的评价因子的褒贬极性；取消受否定消解因子管辖的否定因子的否定功能，使受否定因子管辖的评价因子的褒贬极性保持不变，提升"否定评价句"褒贬极性判定准确率。	没｜未｜不曾＋正确认识那场战争、没有辜负各界的期望、没有用好、没有电影中表现得那么精彩、没有给出满意的解决方案、没有被皮克视为应对国际油价走低的良方、有效竞争还没有真正形成	24*/fdd+#［*/d/a］+*/vl=-N3 25*/fdd+#［*/d/a］+*/p+#［*/!w］+*/vl=-N5 26*/fdd+#［!的 /!w］+ 得 /u+#［*/d/a/r］+*/vl=-N5 27*/fdd+#［*/d/a］+*/v+#［!的 /!(w/d/v)］+*/vl=-N5 28*/vl+#［*/!w］+*/fdd+#［*/d/a］+*/cxv=-N1
12	剧情反转类		没｜没有＋想到｜料到｜预料到｜预测到｜承想｜意识到｜认识到｜忘记	29*/fdd+#［*/d］+*/fxc+#［*/!w］+*/vl=N5
13	极比平比类		没有比＋更｜再｜还，没｜没有＋动词＋过 +［有］比＋更｜再｜还，没｜没有＋动词＋过＋这样｜这么｜这般｜如此，从｜从来＋没｜没有＋有＋这样｜这般如此，和｜跟｜与＋没｜没有＋区别｜分别｜差别｜差异｜不同｜两样｜不一样	30*/fdd+ 比 /p+#［*/!w］+ 更 ｜ 再 ｜ 还 /d+#［*/!w］+*/vl=N6 31*/fdd+*/v+ 过 /u+#［ 有 /v］/v］+ 比 /p+#［*/!w］+ 更 ｜ 再 ｜ 还 /d+#［*/!w］+*/vl=N9 32*/fdd+*/v+ 过 /u+#［*/!w］+ 这样 ｜ 这般 ｜ 如此 /d+#［*/!w］+*/vl=N6
14	停止变化类		没｜没有＋停止｜停下｜停息｜中断｜断｜断绝｜结束｜止住｜阻止｜阻挡｜丢｜丢掉｜丢失｜失去｜褪去｜走出｜消亡｜消退｜消失｜消解｜消除｜销蚀｜限制｜摆脱｜脱离｜逃离｜掉｜逃出｜逃脱｜逃过｜避开｜解决｜化解｜克服｜放弃｜改｜变｜改变｜变化｜改掉｜放松｜动摇｜缓解｜扭转｜触及｜稀释｜少｜减少｜挽救｜挽回｜跳出｜影响｜掩盖｜掩饰	33 从 ｜ 从来 /%+#/fdd+ 像 /%+ 今天 ｜ 今日 ｜ 现在 ｜ 眼前 ｜ 眼下 ｜ 当下 /%+ 这样 ｜ 这么 ｜ 这般 ｜ 如此 /%+#［*/!w］+*/vl=N7 34 和 ｜ 跟 ｜ 与 /%+#［*/!w］+*/vl+#［*/d/a］/!fdd/fdv+ 区别 ｜ 别 / 差别 ｜ 差异 ｜ 不同 ｜ 两样 ｜ 不一样 /%=N3 35 没有 /%+#［*/!w］+ 的 /u+*/vl+#［！(。 /？ /！) /%］+ 就没有 ｜ 不可能 ｜ 将无法 ｜ 是难以 ｜ 不会 ｜ 将 %+#［*/!w］+*/vl=N4N8
15	现实虚拟类		［如果｜要是｜假如｜若｜倘若］没有｜就没有｜不可能	36 没 有 /v+#［！(；/。/？ /！) /!vl］+ 就没有 ｜ 不可能 %+#［*/!w］+*/vl=N5
16	转折词1		虽然、尽管、不论、即使、哪怕、就算、任凭（详见表 3.1）	
17	转折词2		但是、可是、然而、不过、相反、反而、而是（详见表 3.1）	
18	总结词		因此、所以、总之、最终、说到底、概括地说（详见表 3.1）	37*/rjc+#［*/!w］+*/vl=sen：-N3 38*/zzc+zjc+#［*/!w］+*/vl=sen：N5 39*/vl&!(hzv/qzv)+#［!(的 / 地)/!w］+*/vl&(!n)=sen：N3 40*/vl+ 的 /u+*/!vl+#［*/!w］+*/vl=sen：N5 41 把 ｜ 被 ｜ 受 ｜ 受到 ｜ 使 ｜ 使得 ｜ 致使 ｜ 为 ｜ 为了 ｜ 对 ｜ 比 ｜ 较 ｜ 对比 ｜ 比起 ｜ 对比 ｜ 比起 ｜ 相比 ｜ 相比较 ｜ 相较于 ｜ 相 对 /%+#［*/!w］+*/vl+#［*/!w］+*/vl=sen：N5
19	主谓关系	将褒贬因子共现句中位置在后的评价因子判定为语义焦点，提升"褒贬因子共现句"极性判定准确率。	这馊主意‖不错、追求暴利‖无可厚非、他的聪明‖都用到搞歪门邪道上了、雾霾的恶性状态‖已经明显好转	
20	中补关系		淡定〈过了头〉、帅他〈麻痹〉、美得〈有些失真〉、傻得〈可爱〉	
21	处置式		［把本来简洁、大方的车头〕画蛇添足	
22	致使式		扩招使得当年的天之骄子成了高不成低就的一群人	
23	目的式		［为了追求好看的效果〕，故意弄虚作假、哗众取宠	

第五章 系统实现与实验

175

续表 5.1

序号	特征	功能	示例	形式化
24	关涉式	将褒贬因子共现句中位置在后的评价因子判定为语义焦点,提升"褒贬因子共现"极性判定准确率。	〔对刚起势的北汽排球〕带来不利的影响	42*/hzv/qzv+# 〔*/!w〕+*/vl=sen: N1 43*/vl+*/vl&n=sen: N1 44*/vl+ 的 /u+*/vl=sen: N1 45*/vl+ 地 /u+# 〔*/!w〕+*/vl=sen: N1
25	比较式		〔比枯爆无味的广告文字〕深入人心	
26	双宾式		给那些叫嚷日本货便宜又好用的专家一记响亮的耳光	
27	动宾关系	将褒贬因子共现句中位置在前的评价因子判定为语义焦点,提升"褒贬因子共现"极性判定准确率。	看不起!广本那股广本那股 NB 的样子、裁判毁了一场精彩的	
28	定中关系		(垃圾) 典范、(逃税) 天堂、(倚老卖老) 的光荣称号、(善意) 的谎言	
29	状中关系		〔盲目〕地视社神圣不可侵犯、、〔恰到好处〕地描绘了他们糜烂的生活气氛	
30	NP1+ 使 +NP2+ 评价因子(语义后指动词)	解决"评价对象与评价因子之间跨越名词/名词短语的远距搭配情况"这一瓶颈问题,提升评价对象抽取准确率。	这样的现象引起了不少消费者吐槽。 众筹方式已经被不少英国人青睐。 连狗都不放过! 韩国宠物整容手术遭动物爱好者反对。 安倍此前强行推动安保法制改革导致国内舆论的广泛批评。	46*/NP+# 〔*/!w〕+*/zsc/p2+# 〔*/!w〕+NP+# 〔*/!w〕+hzv+*/w/c=N1: N7 47*/NP+# 〔*/!(w/vl)〕+*/zsc/p2+# 〔*/!w〕+NP+# 〔*/!w〕+gzv/rzv+# 〔*/!w〕+*/vl=N1: N11 48*/NP+# 〔*/!(w/vl)〕+# 〔,/w〕+# 〔*/!(w/vl)〕+*/grc+# 〔*/!w〕+*/zsc+# 〔*/!w〕+*/NP+# 〔*/!w〕+*/vl&(!hzv)=N1: N11 49*/NP+# 〔*/!w〕+*/p1+# 〔*/!w〕+*/NP+# 〔*/!w〕+*/vl&!(hzv/xlv)=N1: N7 50* 对 / 对 于 / 关 / 面 对 /%+# 〔*/!w〕+*/NP+# 〔,/w〕+# 〔*/!w〕+*/NP+# 〔*/!w〕+*/vl&(hzv/xlv)+JSB=N3: N8 51* 对 / 对于 〕 关于	面 对 /%+# 〔*/!w〕+*/NP+# 〔*/!w〕+*/gzv/rzv+# 〔*/!w〕+*/vl=N3: N10 52* 对 / 对于	关于	面 对 /%+# 〔*/!w〕+*/NP+# 〔*/!w〕+# 〔对	对于 /p〕+# 〔*/!w〕+# 〔*/NP〕+# 〔,/w〕+# 〔*/!w〕+*/NP+# 〔d〕+*/gzv/rzv+# 〔*/!(w|NP)〕+*/vl=N1: N13 53*QSB+# 〔*/!w〕+*/NP+ 的 /u+# 〔*/!w〕+*/NP+# 〔*/!w〕+qdn=N3: N5 54*/NP+# 〔*/!w〕+*/czv|ccv+# 〔*/!w〕+*/vl=N1: N5 55*/NP+# 〔*/!w〕+*/xsv+# 〔*/!w〕+*/vl=N1: -N5 56*/NP+#〔*/!w〕+ 把	将 /p+#〔*/!w〕+*/NP+#〔*/!w〕+*/ppv+#〔*/!w〕+*/vl=N5: N9
31	NP1+ 致使 +NP2+ 感知 + 评价因子 (心感觉或认知型)		日本机场安检让人倍感轻松。 队员们的表现令主教练凯撒感到很骄傲。 移动的宽带业务价格也让消费者觉得没有诚意。 "优步"客户端扣费方式,让用户感觉不太靠谱。	
32	NP1+ 盖然 + 致使 +NP2+ 评价因子 (非语义后指动词)		此举将促使互联网金融行业逐渐走向公平竞争。 短频快的假日经济容易导致各种各样的服务不到位。 高考改革能够会加促使教育公平和透明。 打通行动与情报人员的做法,会让情报分析人员失去客观性。	
33	NP1+ 介词 1+NP2+ 评价因子 (非语义后指或心理类词)		他的父母对孩子特别溺爱。 很多实体店凭借着互联网华丽转身。 他在中超联赛中表现出色。	
34	介词 1(对|对于|关于|面对)+NP2+NP1+ 评价因子 (语义后指或心理动词)		对这项改革,人们纷纷点赞。 关于猴年吉祥物康康,网友大多是槽点满满。 对于范冰冰的表演,张艺谋也赞赏有加。	
35	介词 1(对|对于|关于|面对)+NP2+NP1+ 感知|认知 + 评价因子		对于这种做法,用户感到不方便,但是也无处申诉。 市民张先生说,对于公交车上配特勤,他觉得是一种浪费。 对于物业的说法,赵女士表示完全没有道理。 对于新试点铺设的 3D 斑马线,有不少当地市民认为"很萌""很醒目",有创意。	
36	NP3[+ 介词 1(对|对于)+NP2]+NP1+ 感知|认知 + 评价因子		这样的环境对于外资而言,他们认为是有吸引力的。 所以这两年的投入对于我们平稳过渡,我觉得起了很大的作用。	
37	NP1+ 介词 2+NP2+ 评价因子 (语义后指或心理类词)		加多宝的营销一直在被业界人士称赞。 韩国的狗肉文化受到了西方国家的猛烈抨击。	

续表 5.1

序号	特征	功能	示例	形式化
38	NP1+ 被 +NP2+ 评判动词 + 评价因子		司机的行为被平台判定为作弊。 朱茵被无数影迷视为心中的女神。 因为这两种做法，都是被他们看作是不礼貌的。	
39	NP1+ 存在 +NP2+ 评价因子		马龙和继科代表了男子乒乓球的最高水平。	
40	NP1+ 出现 +NP2+ 评价因子	解决"评价对象与评价因子之间跨越名词/名词短语的远距搭配情况"这一瓶颈问题，提升评价对象抽取准确率。	谭华不但实现了自我的完美转身，也……	
41	NP1+ 消失 +NP2+ 评价因子		这样的作品丢掉了孩子身上特有的童真、童趣。	
42	NP1+ 把 | 将 +NP2+ 评判动词 + 评价因子		出租车司机将这些人称为"地头蛇"。 所以我们可以把社保的开户当成一个利好。 日本民众将安倍此举视为对日本战后和平宪法的违背。	
43	NP1+ 存在 +NP2+ 的 + 评价因子(专指定语的评价名词)		这是中国奶业人的耻辱。 今天的五连冠不仅有我们现在这些人的功劳，也有之前离开的教练团队的功劳。	
44	NP1+ 动作行为动词 + 评价因子 +NP2		海明威使用了卑鄙的手段。 日本政府高官发表不负责任的言论。 1937 年 12 月日军在南京制造了灭绝人寰的大屠杀事件。	
45	NP1+ 存现动词 + 评价因子 +NP2		储户存在恶意将银行柜员手划伤的行为。 尚德电力已经摆脱了"很糟糕"的阶段。 手机发红包逐渐成为年轻人喜闻乐见的一种过年形式。	
46	NP1+ 评价因子 + 动词 +NP2	解决"评价因子前后均有名词/名词短语的两难选择情况"这一瓶颈问题，提升评价对象抽取准确率。	球员们很好地执行了主教练的战术安排。 东北抗联没有能够很好地掌握人民军队建设的一系列原则。 她用一颗真诚、善良的心对待家人和村民。	57*/NP+# 〔 */!w 〕 +*/dxv/cxv+# 〔 */!w 〕 +*/vl+# 〔 */!w 〕 +*/NP=N1：N5 58*/NP+# 〔 */!w 〕 +*/vl+# 〔 */!w 〕 +*/v+# 〔 */!w 〕 +*/NP=N1：N3 59*/NP+# 〔 */!w 〕 +*/vl+# 〔 地 /u 〕 +*/v+# 〔 */!(NP) 〕 +*/w=N1：N3
47	NP1+ 评价因子 +NP2+ 动词		有些媒体别有用心地将网络安全、南海等问题放大。 不管什么时候，她都会兢兢业业地把自己负责的路段打扫干净。	60*/NP+# 〔 */!w 〕 + 被 /p+# 〔 */!w 〕 +*/p+# 〔 */!w 〕 +*/ppv+# 〔 */!w 〕 +*/vl+# 〔 */!w 〕 +*/NP=N1：N7
48	NP1+ 被 + 评判动词 + 评价因子 +NP2		瑞士被评为全球最佳养老国家。 亚裔在美国一直被称为模范族裔。 英国学生被媒体冠以"麻木散漫"的形象。 1984 年洛杉矶奥运会被普遍认为是一场商业上成功运作的奥运会。	61*/NP+# 〔 */!w 〕 + 把 / 将 /p+# 〔 */!w 〕 +*/vl+# 〔 */!w 〕 +*/NP=N5：N9 62*/NP+*/vl&(\!hzv)+ 的 /u+# 〔 */!w 〕 +*/(NP)&(\!jtn)=N1：N2 63*/NP+ 的 /u+*/vl&!(hzv/fzn)+#【 */!w 】 +*/NP=N1：N3
49	NP1+ 把 | 将 +NP2+ 评判动词 + 评价因子 +NP3		我们把巴基斯坦称为我们坚实的好朋友。 这么多年来，我一直把他当作华人世界最优秀的一位舞台剧工作者之一。	
50	NP1+ 评价因子 + 的 +NP2		欧洲经济丑陋的事实一览无余地放在世人面前。 尽管哈达迪遗憾缺阵，但在李秋平出色的战前部署下……	
51	NP1+ 的 + 评价因子 +NP2		小美的善意打动了歹徒，歹徒也终于开口说话了。 在《大清贤相》中，黄新德四个徒弟的出色表演大家有目共睹。	

177

续表 5.1

序号	特征	功能	示例	形式化
52	NP1+ 评价因子（非前指动词）+ 的 + 是|为 +NP2		段江华说，最令他骄傲的是他的学生。 但平心而论，黄蜂表现最出色的却是巴图姆。 其中游客最青睐的国内旅游目的地为三亚等地。	
53	NP1+ 评价因子（泛指名词）+ 是|为 +NP2		科比的偶像是乔丹。 两回合比赛后，恒大另一个功臣是黄博文。 近期导致空气质量下降的元凶主要是臭氧。 三位"三甲"姑娘异口同声地表示女神就是马艳丽。	64*/NP+# ［*/!w］ +*/vl&(!qzv)+ 的 /u+# ［*/!w］ + 是 / 为 /%+# ［*/!w］ +*/NP=N8: N3
54	NP1+ 动词 + 评价因子 + 的 +NP2		在学校内有善良的同学和老师。 在第二次世界大战中立下赫赫战功的喀秋莎火箭弹也出现在了民众面前。 自己代表团里的一名女团员遭遇了一次"野蛮的"警方查房。 同事小苗在"双 11"期间抢购了一台非常漂亮的华为 Mate 8 手机。	65*/NP+# ［*/!w］ +*/vl+#［n/n/ln/lgn］+# ［*/!w］ + 是 / 为 /%+# ［*/!w］ +*/NP=N7: N3 66QSB+*/p+# ［*/!w］ +*/NP+# ［*/!w］ +*/!vl+# ［*/!w］ +*/vl+ 的 /u+# ［*/!w］ +*/NP=N11: N8 67*/NP+# ［*/!w］ +*/zyv/sjv+# ［*/!w］ +*/vl+ 的 /u+# ［*/!w］ +*/NP=N8: N5
55	NP1+ 评价因子 + 的 +NP2		阅兵场上完美的人车结合。 状态更加出色的瓦林卡全面压制对手。 生性善良的阿尼帕看到这一切，二话没说把孩子们接进了家。 一小伙在年轻漂亮的售楼小姐游说下，缴纳了十万元的购房定金。	68*/NP+# ［*/!(w/v)］ +*/vl&(!qzv)+ 的 /u+# ［*/!w］ +*/(NP)&(!cgn)=N6: N3 69*/NP+# ［*/!w］ +*/vl+#［n/in/ln/lgn］+*/jtn=N4: N3
56	NP1+ 评价因子（泛指名词）+NP2（特指名词）		人民的英雄何九春同学。 国民党抗日英雄梁鸿云。 小黄人在寻找新主人的路上遇到了史上最卑鄙的坏蛋斯嘉丽。 他虽然无法阻止小坏蛋赵盘变成赢政一统天下，但他可以生一个儿子叫项羽。	
57	承前主语省略	解决"评价对象省略，需要进行语篇分析、跨句查找的情况"这一瓶颈问题，提升评价对象抽取准确率。	这小子肯定是因为我欠他一顿酒没还，竟然使用这种卑鄙手段！ #钓鱼岛#日本在中国淘金，然后用淘来的钱去买钓鱼岛，多么的可耻啊！ 此外，融资租赁方式能有效降低融资利息，有助于降低总体融资成本。	70*QSB+*/NP+# ［*/!(w/vl)］ +*/v&!(yrv/zzv)+#［*/!vl］+*/w+#［*/!(NP)］+*/vl+# 地 /u］ +*/v/iv/lv/lgv=N2: N8 71*QSB+*/NP+# ［*/!(w/vl)］ +*/v&!(yrv/zzv)+#［*/!vl］+*/w+#［*/!(NP)］+*/v+# ［*/!w］ +*/vl=N2: N10 72*QSB+*/NP+# ［*/!(w/vl)］ +*/v&!(yrv/zzv)+# ［*!vl］ +*/w+#［*/d/c］+*/p+# ［*/!w］ +*/vl=N2: N10
58	承前宾语省略		日本养老院就推出了赌博康复法，很受老人们欢迎。 几年前，李先生买了一台松下 42 寸等离子电视，用了还不到半年，毛病就来了。 国家队主帅佩兰认为鲁能球员蒿俊闵踢的位置太多，但不足够出色。	73*QSB+*/NP+# ［*/!(w/vl)］ +*/v&!(yrv/zzv)+# ［*/!(NP/!vl)］ +*/w+# ［*/!(NP)］ +*/vl&qzv=N2: N8 74*QSB+*/NP+# ［*/!(w/vl)］ +*/v&!(yrv/zzv)+# ［*/!(NP)］ +*/vl+JSB=N2: N8
59	蒙后主语省略		不仅欺骗买手机的人，徐某连卖家都骗。 由于工作出色，何春文被授予联合国"和平勋章"。	75*QSB+# ［*/!vl］ +*/yrv+# ［*/!(w/vl)］ +*/NP+# ［*/!vl］ +*/w+#［*/!(NP)］+# 地 /u］+*/v/iv/lv/lgv=N5: N9 76*QSB+# ［*/!vl］ +*/yrv+# ［*/!(w/vl)］ +*/NP+# ［*/!vl］ +*/w+#［*/!(NP)］+*/v+# ［*/!w］ +*/vl=N5: N11
60	蒙后宾语省略		因为信任，所以我选择别克君越。 给山东人争光，我们非常高兴，我们支持她。	77*QSB+# ［*/!vl］ +*/yrv+# ［*/!(w/vl)］ +*/p+# ［*/!w］ +*/vl=N5: N11
61	不便说出		是谁我就不说了，给脸不要脸。 在中国，"霸权主义"这个词是有特指的，指的是谁，谁心里明白。	78*QSB+# ［*/!vl］ +*/yrv+# ［*/!(w/vl)］ +*/NP+# ［*/!vl］ +*/w+#［*/!(NP)］+*/vl&qzv=N5: N9

续表 5.1

序号	特征	功能	示例	形式化
62	无须说出		"我认为特别地令人震惊，我的意思是我无法用语言形容，实在是太完美了。"（里约奥运会开幕式表演结束后，记者现场采访一名巴西当地观众）	79*QSB+#［*/!vl］+*/yrv+#［*/!(w/vl)］+*/NP+#［*/!vl］+*/w+#［*/!(NP)］+*/vl+JSB=N5：N9 80*QSB+#[*/!vl］+*/zzv+#［*/w］+#［*/c］+#［*/!w］+*/NP+#［*/!(w/vl)］+*/v+#［*/!vl］+*/w+#［*/!(NP)］+*/vl+#［地/u］+*/v/iv/lv/gv=N7：N13 81*QSB+#[*/!vl］+*/zzv+#［*/w］+#［*/c］+#［*/!w］+*/NP+#［*/!(w/vl)］+*/v+#［*/!vl］+*/w+#［*/!(NP)］+*/v+#［*/!w］+*/vl=N7：N15 82*QSB+#［*/!vl］+*/zzv+#［*/w］+#［*/c］+#［*/!w］+*/NP+#［*/!(w/vl)］+*/v+#［*/!vl］+*/w+#［*/d/c］+*/p+#［*/!w］+*/vl=N7：N15 83*QSB+#［*/!vl］+*/zzv+#［*/w］+#［*/c］+#［*/!w］+*/NP+#［*/!(w/vl)］+*/v+#［*/!vl］+*/w+#［*/!(NP)］+*/vl&qzv=N7：N13 84*QSB+#［*/!vl］+*/zzv+#［*/w］+#［*/c］+#［*/!w］+*/NP+#［*/!(w/vl)］+*/v+#［*/!vl］+*/w+#［*/!(NP)］+*/vl+JSB=N7：N13
63	无法说出	解决"评价对象省略，需要进行语篇分析、跨句查找的情况"这一瓶颈问题，提升评价对象抽取准确率。	昨天我在网上看到一个美女，可惜<u>不知道</u>是谁。<u>不知道</u>是哪位好心人，给我垫付了1000元医药费，在危难时刻慷慨解囊救我一命，我却连<u>恩人是谁</u>都不知道。	85*QSB+*/p+#［*/!w］+*/qzv+#［*/!vl］+*/w+*/NP+#［*/!hzv］+*/w=N7：N4 86*QSB+#［*/!NP］+*/vl&(!hzv)+#［*/!vl］+*/w+*/NP+#［*/!hzv］+*/w=N6：N3 87*QSB+*/p+#［*/!w］+*/qzv+#［*/!vl］+*/hzv+#［*/!w］+*/NP=N8：N6 88*QSB+*/p+#［*/!w］+*/qzv+#［*/!vl］+对/对于/向/给/为/%+/%+#［*/!w］+*/NP+#［*/!w］+*/hzv/xlv=N8：N10 89*QSB+#［!(对/对于/向/给/为)/!vl］+*/hzv+#［*/!vl］+*/hzv+#［*/!w］+*/NP=N8：N6 90*QSB+#［!(对/对于/向/给/为)/!vl］+*/hzv+#［*/!vl］+对/对于/向/给/为/%+/%+#［*/!w］+*/NP+#［*/!w］+*/hzv/xlv=N8：N10 91*QSB+#［*/!(NP)］+*/vl+#［*/!(NP)］+*/w+#［*/!vl］+*/hzv+#［*/!w］+*/NP=N9：N7 92*QSB+#［*/!(NP)］+*/vl+#［*/!(NP)］+*/w+#［*/!vl］+对/对于/向/给/为/%+/%+#［*/!w］+*/NP+#［*/!w］+*/hzv/xlv=N9：N11 93*QSB+#［*/!(NP)］+*/vl+#［地/u］+*/v+#［*/!vl］+*/w+#［*/!vl］+hzv+#［*/!w］+*/NP=N11：N9 94*QSB+#［*/!(NP)］+*/vl+#［地/u］+*/v+#［*/!vl］+*/w+#［*/!vl］+对/对于/向/给/为/%+/%+#［*/!w］+*/NP+#［*/!w］+*/hzv/xlv=N11：N13 95*QSB+#+*/ywc+#+*/vl=Null：N5 96*QSB+#+*/vl+#+*/ywc=Null：N3

注释：（1）规则新使用的语义标记及其含义：cdd 程度副词、blc 并列词、rjc 让步假设词、zzc 转折词、zjc 总结词、fwc 反问词、cgn 抽象概括性名词、fdv 否定动词、fdd 否定副词、fxc 否定消解词、zsc 致使词、p1 介词 1（表主动关系）、p2 介词 2（表被

第五章 系统实现与实验

179

动关系）、gzv 感知动词、rzv 认知动词、ppv 评判动词、grc 盖然词、cxv 存现动词、czv 存在动词、ccv 出现动词、xsv 消失动词、dxv 动作行为词、jtn 具体名词、fzn 泛指评价名词、zyv 遭遇类动词、sjv 涉及类动词、yrv 引入类动词、zzv 主张类动词、ywc 语义外指词。（共计 29 个）

（2）旧有语义标记新增内容：xjc 评价消解词新增"目的计划类、疑问询问类、建议要求类、客观指涉类"四种语义类型。

（3）上述所有新增语义类型的相应具体词语均已添加到系统的语义词典中。语义词典的词条格式是"词语义标记"。词条示例：没想到 fxc、引起 zsc、把 p1、被 p2、称为 ppv、认为 zzv、英雄 fzn、不知道是谁 ywc。（共计 920 词）

第二节　实验

为检验本书评价本体的研究结果是否有助于评价分析，我们选取实验语料，对比本书研究所得评价知识本体（96 条规则、29 个语义标记、920 个词条）添加前后系统各项性能指标（准确率、召回率、F1 值）的变化情况。

一、实验语料

2012 年中国计算机学会（CCF）主办的第一届自然语言处理与中文计算会议（NLPCC2012）设置了微博评价句识别评测任务；2013 年中国计算机学会（CCF）主办的第二届自然语言处理与中文计算会议（NLPCC2013）设置了微博观

点句评价对象抽取及其褒贬极性判定评测任务；2015年中国中文信息学会（CIPS）主办的第七届中文倾向性分析评测（COAE2015）设置了微博句子褒贬极性判定评测任务。我们的评价分析系统CUCsas参加了上述评测，并在评测中取得了较好成绩（参见文献［2］［48］［61］）。本书从上述三个评测的评测语料中各选取1000个句子，分别作为评价句识别、褒贬极性判定、评价对象抽取及其褒贬极性判定三项任务的实验语料，1000个句子的实验结果与当时的评测结果基本保持一致，然后将本书新增的词典和规则知识加入系统，对比添加前后系统性能指标的变化情况。

二、实验结果

我们将本书研究所得评价知识本体添加前的系统命名为CUCsas1.0，添加后的系统命名为CUCsas2.0。添加前后系统性能指标的变化情况如表5.2所示：

表5.2　本书研究所得评价知识本体添加前后系统性能指标变化情况

任务	系统	准确率	召回率	F1值
评价句识别	CUCsas1.0	0.773	0.815	0.793
	CUCsas2.0	0.901	0.891	0.896
褒贬极性判定	CUCsas1.0	0.825	0.706	0.761
	CUCsas2.0	0.873	0.887	0.880
评价对象抽取及其褒贬极性判定	CUCsas1.0	0.563	0.514	0.538
	CUCsas2.0	0.692	0.663	0.677

表 5.2 的柱状图展示形式如下：

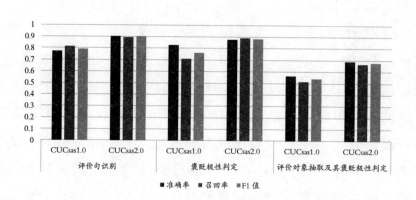

图 5.1　本书研究所得评价知识本体添加前后系统性能指变化情况

　　从柱状图中可以看出，评价知识本体添加之后，评价句识别、褒贬极性判定、评价对象抽取及其褒贬极性判定三项评价分析任务的准确率、召回率、F1值均获得了较大提升。评价句识别任务的准确率、召回率、F1值分别提升了 12.8%、7.6%、10.3%，F1值目前达到 90%；褒贬极性判定任务的准确率、召回率、F1值分别提升了 4.8%、18.1、11.9%，F1值目前达到 88%；评价对象抽取及其褒贬极性判定任务的准确率、召回率、F1值分别提升了 12.9%、14.9%、13.9%，F1值目前达到 68%。实验结果表明：本书对评价本体的研究结果有助于提升评价分析系统的性能。

第三节　本章小结

　　本章主要针对系统实现与实验检验两个问题进行了研究。首先，将前面评价本体研究的结果用机器可读的形式语言进行表示，并添加到现有评价分析系统词典与规则库的相应模块当中；然后开展评价句识别、褒贬极性判定、评价对象抽取及其褒贬极性判定三项评价分析任务实验，实验结果表明，本书研究所得评价知识本体添加后的系统性能较添加前有较大提升。通过分析研究，得出如下结论：

　　（1）第二、第三、第四章评价本体的研究结果有助于提升评价分析系统的性能；

　　（2）升级后的评价分析系统 CUCsas2.0 评价句识别、褒贬极性判定、评价对象抽取及其褒贬极性判定三项任务的 F1 值分别达到 90%、88%、68% 左右，基本具备应用价值。

第五章　系统实现与实验

第六章

评价分析系统的工程应用

中共中央总书记、国家主席、中央军委主席、中央网络安全和信息化领导小组组长习近平 19 日上午在京主持召开网络安全和信息化工作座谈会并发表重要讲话……习近平指出，要建设网络良好生态，发挥网络引导舆论、反映民意的作用。实现"两个一百年"奋斗目标，需要全社会方方面面同心干，需要全国各族人民心往一处想、劲往一处使。网民来自老百姓，老百姓上了网，民意也就上了网。群众在哪儿，我们的领导干部就要到哪儿去。各级党政机关和领导干部要学会通过网络走群众路线，经常上网看看，了解群众所思所愿，收集好想法、好建议，积极回应网民关切、解疑释惑。对广大网民，要多一些包容和耐心，对建设性意见要及时吸纳，对困难要及时帮助，对不了解情况的要及时宣介，对模糊认识要及时廓清，对怨气怨言要及时化解，对错误看法要及时引导和纠正，让互联网成为了解群众、贴近群众、为群众排忧解难的新途径，成为发扬人民民主、接受人民监督的新渠道。对网上那些出于善意的批评，对互联网监督，不论是对党和政府工作提的还是对领导干部个人提的，不论是和风细雨的还是忠言逆耳的，我们不仅要欢迎，而且要认真研究和吸取。

——（《习近平主持召开网络安全和信息化工作座谈会 强调在践行新发展理念上先行一步 让互联网更好造福国家和人民》，2016 年 4 月 20 日《人民日报》01 版）

中国互联网络信息中心（CNNIC）最新发布的统计数据显示：截至 2016 年 12 月，中国网民规模已达 7.31 亿，互联网普及率达到 53.2%。知屋漏者在宇下，知政失者在"网野"，政府在制定决策时，择网民言善者而从之，择网民言不善者而改之，有助于使决策更加合民意，得民心。

"用户"都说好，才是真的好。消费者在购物时，择已购用户言善者而购之，有助于提高购得质优价廉商品的概率；商品生产者择已购用户言不善者而改之，有助于提供令消费者更为满意的产品和服务。

当局者迷，"围观"者清。当事人择网上围观群众言善或不善者兼听之、慎思之，有助于对问题产生更为全面深刻的认识。

本章主要研究评价分析系统的工程应用。经济领域选取的应用是用户推荐，案例是 vivo X9 vs OPPO R9s；文化领域选取的应用是语言文字舆情监测，案例是 #CCTV 朗读者 #。首先，使用网络爬虫"八爪鱼"从网上采集上述两个案例对应的京东商品评论、微博话题评论语料；然后，使用评价分析系统 CUCsas2.0 对语料进行评价句识别、褒贬极性判定、评价对象抽取等处理；最后，对处理结果进行统计分析，给出评论网友对 vivo X9 vs OPPO R9s 两款手机各项性能指标的用户评价褒贬率对比、#CCTV 朗读者 # 微博评论好差评率，以及正面、负面评价对象及评价意见、被评价次数列表等分析结果，从而为手机购买者、电视节目制作者更好地做出决策和选择提供实证数据的参考。

第一节　经济：vivo X9 vs OPPO R9s

　　2016 年 11 月，vivo 和 OPPO 两大手机品牌几乎同步推出了它们最新型号的手机 vivo X9、OPPO R9s。这两款手机均是全网通 4G 手机、4GB RAM+64GB 和 ROM、双卡双待、5.5 英寸屏幕，售价分别是 2798 元、2799 元。面对两款基本配置和价格近乎一致的手机，消费者在购买时往往会难以取舍。此时，如果能提供给消费者已购用户对两款手机的褒贬评价结果以及关于手机运行速度、拍照效果、续航时间、充电快慢等详细属性的评价信息，会有助于消费者根据自己的功能需求和偏好做出较为合理的购买决定。我们从 vivo X9 和 OPPO R9s 在京东商城的商品评价版块中各采集了 5000 位已购用户的评论数据，然后运用评价分析系统 CUCsas2.0 对数据进行处理，统计得出如下褒贬评价结果：

表 6.1　vivo X9 vs OPPO R9s

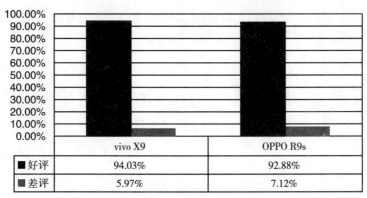

	vivo X9	OPPO R9s
■ 好评	94.03%	92.88%
■ 差评	5.97%	7.12%

第六章　评价分析系统的工程应用

结果显示：两款手机均具有较高的用户满意度（≥92%），vivo X9 略胜一筹，好评率比 OPPO R9s 高出 1.15 个百分点。

系统又进一步对评论数据中的评价对象及其褒贬极性进行了抽取，按照手机各属性获得好评、差评的次数分别进行排序，选取出好评量、差评量最多的前五个属性作为手机的五大优点与缺点，具体结果如表 6.2 所示：

表 6.2　vivo X9 vs OPPO R9s 五大优点与缺点

产品评价　　频次排序	vivo X9		OPPO R9s	
	优点	缺点	优点	缺点
Top 1	拍照效果	续航和充电	外观	屏幕
Top 2	运行速度	音量和音质	运行速度	价格
Top 3	外观	触屏反应	拍照效果	拍视频
Top 4	手感	价格	手感	按键
Top 5	屏幕	指纹解锁	充电	音量和音质

从表中可以看出：

（1）vivo X9 获认可最多的是拍照效果，OPPO R9s 获认可最多的是外观；

（2）vivo X9 遭批评最多的是续航和充电，OPPO R9s 遭批评最多的是屏幕；

（3）vivo X9 和 OPPO R9s 的拍照效果、运行速度、外观、手感均位列五大优点榜单，并且位居前四席（两者排序略有差异）；

（4）vivo X9 和 OPPO R9s 的音量和音质、价格均位列五大缺点榜单；

（5）vivo X9 的屏幕进入了五大优点榜单，OPPO R9s 的充电进入了五大优点榜单；

（6）vivo X9 的触屏反应、指纹解锁进入了五大缺点榜单，OPPO R9s 的拍视频、按键进入了五大缺点榜单。

消费者在购买时，可以根据自己的需求和偏好，参考上表做出选择。例如，如果更看重拍照效果，最好是选 vivo X9；如果更看重外观，最好是选 OPPO R9s。手机制造商则可以根据用户反馈改善手机性能，提高手机市场竞争力。例如，vivo X9 要着重解决手机电池续航时间短、充电速度慢的问题，OPPO R9s 要着重解决屏幕有时会失灵、不够清晰的问题。

第二节　文化：#CCTV 朗读者

2017 年 2 月 18 日起，由董卿主持兼首次担当制作人的文化情感类节目《朗读者》于每周六晚八点黄金档在中国中央电视台综合频道与综艺频道联合播出。我们在第一期节目开播后，从新浪微博 #CCTV 朗读者 # 话题下面采集了 512 位网友的评论，然后运用评价分析系统 CUCsas2.0 对 512 条评论数据进行处理，在处理得到的评价对象及其褒贬极性结果目录中，有 4 位网友对这档节目给出的是负面评价，4 条负面评价原文如下：

① #CCTV 朗读者 # 给 @CCTV《朗读者》这个节目的舞美设计者一个差评，把访谈间跟朗读间分开，增加了节目时长，而且不利于现场观众观看，朗读可以煽情，但不至于所有的节目都

是<u>黑色的主色调</u>吧。

②看了下央视的那个 #CCTV 朗读者 # 有点<u>看不下去</u>。总体感觉就是<u>太想装了，但又装不好，结果变成了做作</u>。比如<u>朗读前故意要弄的那个访谈</u>，特想弄出点什么意义来，反而<u>显得假</u>。再比如<u>让很多嘉宾用根本不符合自己气质的方式去朗读，还要加上导演给编排的别扭的表演跟走位</u>……<u>让人看得好尴尬</u>。

③我觉得<u>《朗读者》立意很好，但有些过了</u>。环节那么多，舞台那么大，背后的故事那么多……朗读反而只占节目很小的一部分。或许节目的重点本就不在文本吧，旧文不过是个吊出现实的引子。大概在我的审美里凡事讲求个不着痕迹，<u>太过刻意的精心编排</u>总好不过本味。#CCTV 朗读者 #

④ #CCTV 朗读者 # <u>略感华丽，华而不实</u>。

表6.3　CCTV《朗读者》负面评价对象及评价意见清单

负面评价对象	评价意见
CCTV《朗读者》这个节目的舞美设计者	差评
把访谈间跟朗读间分开	增加了节目时长，而且不利于现场观众观看
黑色的主色调	可以煽情，但不至于
央视的那个 CCTV《朗读者》	看不下去；太想装了，但又装不好，结果变成了做作
朗读前故意要弄的那个访谈	显得假
让很多嘉宾用根本不符合自己气质的方式去朗读，还要加上导演给编排的别扭的表演跟走位	让人看得好尴尬
《朗读者》立意	很好，但有些过了
编排	太过刻意的精心
CCTV 朗读者	略感华丽，华而不实

其余评论则全部是好评。根据评价对象获得的好评次数，绘

制出如下词云图:

图 6.1 #CCTV 朗读者 # 正面评价对象词云图

从词云图中可以看出:获得好评次数最多的是《朗读者》这档节目,其次是节目主持人"董卿",再次是首期节目中的朗读嘉宾著名翻译家"许渊冲"先生。另外,"央视"以及节目中的其他朗读嘉宾、被朗读文章的作者等,也均收获到网友好评。

网友对《朗读者》这档节目和节目主持人"董卿"的具体好评意见汇总如表 6.4 所示:

表 6.4 《朗读者》和"董卿"正面评价意见清单

好评对象	好评意见
Top 1:《朗读者》	感动、喜欢、好看、清流、有深度、很不错、最好的、值得推荐、真喜欢、真好看、真不错、真棒、有品质、有品位、有内涵、新鲜、温馨、温暖、推荐、太棒、十分走心、十分华丽、强烈推荐、强烈安利、绝美、惊艳、极好、激励、很好看、很好、很棒、好评、好、非常好看、多好、点赞、打动、催泪、超好、不喧哗、不错、棒、朗读前采访朗读者背后的故事很棒、承启都十分高大上、对这版宣传片的喜爱
Top 2:董卿	有气质、优雅、才女、才华、欣赏、敬佩、真情、很可爱、太可爱、很喜欢、有好感、完美得体、腹有诗书气自华、敬仰、钦慕、主持风格很大气、激扬文字和美妙言辞、妆好看

参考观众的评论意见，"有则改之，无则加勉"，扬长补短，有助于节目"更上一层楼"。

第三节　本章小结

本章针对评价分析系统的工程应用进行了研究。经济领域选取的应用是用户推荐，案例是 vivo X9 vs OPPO R9s 京东商城用户评价褒贬率对比、手机五大优点与缺点属性对比；文化领域选取的应用是语言文字舆情监测，案例是 #CCTV 朗读者 # 微博话题评论好差评统计与好差评对象及意见抽取。分析流程如下：使用网络爬虫"八爪鱼"从电商网站、微博话题的评论版块中采集相关评论数据→使用评价分析系统CUCsas2.0对评论数据进行处理，输出每条评论的褒贬极性、评价对象及其褒贬极性→对系统输出结果进行统计分析，获得 vivo X9 vs OPPO R9s、#CCTV 朗读者 # 褒贬评价占比，正面、负面评价对象及其频次，好评、差评具体意见等数据。通过分析研究，得出如下结论：

（1）与爬虫相配合，中文评价分析系统 CUCsas2.0 已经可以开展经济、政治、文化各个领域，新闻评论、电商网站商品评论、微博话题评论各个语域的评论数据的褒贬极性判定、评价对象抽取等自动分析。

（2）对系统分析结果进行整理与可视化展示，可以提供给用户较为简洁、直观的分析结果，为用户更好地做出决策提供有价值的参考。

第七章

总结与展望

第一节　工作总结

本书以国家语言资源监测与研究中心科研项目"中文情感倾向本体研究与规则实现"为依托，以中文评价分析"重计算、轻本体"的研究现状为背景，通过梳理文献，指出了当前中文评价分析存在的九个问题，然后基于语言本体研究，为每一问题制定了相应的处理策略，最后程序实现为评价分析系统CUCsas2.0。实验结果表明，添加了评价本体知识之后的系统，准确率和召回率均有较显著的提升。工程应用研究表明，当前的评价分析系统已经可以开展新闻评论倾向性分析、用户推荐、语言文字舆情监测领域的实际应用。本书所做研究的特色和创新之处以及获得的有益结论主要体现在以下几个方面：

（1）针对评价句识别存在的评价词汇本体库收词不准确、词典未登录评价因子识别效果较差、评价消解因子语义类型不全三个问题，对评价因子与容易与之混淆的概念因子（情感因子、情绪因子、品质属性因子、带有正面或负面内涵意义的因子）进行了特征区分，构建了专门面向评价分析的评价词汇本体库，提升了评价句识别的准确率；提出了基于话语模（①程度副词+××，②动词＋得＋××，××＋地＋动词，③评价因子＋并列词／转折词+××，××＋并列词／转折词＋评价因子）的词典未登录评价因子识别机制，提升了评价句识别的召回率；提出了目的计划类、疑问询问类、建议要求类、客观指涉类四种评价消解因子新类型，提升了对包含评价因子但并不表达评价意义的"伪评价句"的辨别能力。

（2）针对褒贬极性判定存在的评价因子虽然与否定因子共现，但并不受其管辖，极性不发生翻转，褒贬评价因子共现句中不包含转折词、总结词等显性语义焦点标记时语义焦点该如何判断，褒贬极性判定外围特征本体库收词不足三个问题：对否定因子（否定动词、否定副词）的语义管辖范围进行了考察归纳，并提出了剧情反转类、极比平比类、停止变化类、现实虚拟类四类否定消解因子，提升了否定评价句褒贬极性判定的准确率；提出了褒贬因子共现句"句法结构类型—语义焦点位置分布"对应规律，提升了褒贬因子共现句褒贬极性判定的准确率；构建了共计包含 343 个词语（否定词 187+ 转折词 65+ 总结词 90）的褒贬极性判定外围特征本体库，为褒贬极性判定提供了更为丰富的词汇基础资源支撑。

（3）针对评价对象抽取存在的评价对象与评价因子之间跨越名词/名词短语的远距离搭配，评价因子前后均有名词/名词短语的两难选择，评价对象省略，需要进行语篇分析、跨句查找三个问题，提出了词汇、句法、语义、语篇知识相融合的评价对象抽取四维语言规则模型处理策略："远距离搭配"包括致使类、介引类、存现类三种基本类型，"两难选择"包括评价对象是评价因子前面 NP、评价对象是评价因子后面 NP 两种基本类型，"跨句查找"包括承前省略、蒙后省略、语篇外省略三种基本类型，将每一基本类型分解为不同句法结构与语义模式的具体类型，并指出识别和判定每一具体类型的词汇标记。

（4）实验表明，本书对评价本体的研究有助于提升评价分析系统的性能。添加本书研究所得评价知识本体之后的系统，评价句识别、褒贬极性判定、评价对象抽取三项任务的 F1 值分别提升了 10.3%、11.9%、13.9%，分别达到 90%、88%、68%，基本具备实用价值。与爬虫相配合，系统目前已可以开展政治经济、文化各个领域，新闻评论、电商网站商品评论、微博话题评论各个语域的评论数据的褒贬极性判定、评价对象抽取等自动分析，对系统分析结果进行整理与可视化展示，可以提供给用户简洁、直观的分析结果，为用户更好地做出选择提供有价值的实证数据参考。

第二节　进一步的研究工作

本书针对中文评价分析这一当前中文信息处理领域的热点问题，从语言本体→程序实现→实验检验→工程应用四个基本方面做了较为完整和系统的研究，特别是围绕当前中文评价分析各项任务存在的关键性问题做了一定的工作，但仍有许多不完善的地方，需要在今后的学习和工作中做进一步的研究，主要体现在以下几个方面：

1. 开展反语型评价的研究

反语型评价指的是表面上是褒义而实际是贬义，或表面上是贬义而实际是褒义的评价。例如下面两个句子：

①这效率"真高"，我们村 4 年都接不上水。

②如果说这是"傻子"，那我是甘心愿意做这样的"傻子"的。革命需要这样的"傻子"，建设也需要这样的"傻子"。(《雷锋的故事》)

例①表面上是褒义，实际上却是贬义；例②表面上是贬义，实上际却是褒义。如何确定句子中的评价因子属于"反语"表达，有待考察和研究。

2. 开展间接型评价的研究

间接型评价是指不直接明说评价对象的好坏，而是通过叙述评价对象所引发的或与评价对象相关联的另一件事情，间接表明对评价对象所持的褒贬态度。例如下面几个句子：

③#CCTV 朗读者 # 看完朗读者，我又一次感受到了自己的无知。

④#CCTV 朗读者 # 终于用几段拼凑的时间看完了第一期《朗读者》，这个看脸的时代是时候走进心灵的花园了。

⑤# 中国方言式英语 # 语言是工具，以能沟通为标准，别吹毛求疵。

⑥# 中国方言式英语 # 中国特色，哈哈～，这哥俩能够无障碍交流，目的已达到，何必苛求标准发音。

⑦真能贯彻执行这个规定，看手里有几套、几十套房的家伙不心虚？

仔细品味，我们可以体会到：例③、例④说话人对"CCTV朗读者"给予了正面评价，例⑤、例⑥说话人对"中国方言式英语"给予了正面评价，例⑦说话人对"这个规定"给予了正面评价。

不过，如何让缺少主观感受和"二度思考"能力的计算机懂得
这种"醉翁之意不在酒，在乎山水之间也"的间接型评价方式，
准确捕捉话语的"言外之意"，有待考察和研究。

第七章　总结与展望

参考文献

［1］廖祥文，王素格，黄民烈，等．第七届中文倾向性分析评测总体报告［C］//第七届中文倾向性分析评测会议（COAE2015）论文集，2015：3-26.

［2］周红照，侯明午，颜彭莉，等．语义特征在评价对象抽取与极性判定中的作用［J］．北京大学学报（自然科学版），2014，50（1）：93-99.

［3］谭松波，王素格，徐蔚然，等．第六届中文倾向性分析评测总体报告［C］//第六届中文倾向性分析评测会议（COAE2014）论文集，2014：5-25.

［4］BENVENISTE E．Subjectivity in Language［M］//Problems in General Linguistics.Translated by Meek M E．Coral Gables，Florida：University of Miami Press，1971：223-230.

［5］ISRAELI A．Semantics and Pragmatics of the "Reflexive" Verbs in Russian［M］．München：Verlag Otto Sagner，1997：13-15.

［6］CHOMSKY N．Aspects of the Theory of Syntax［M］．Cambridge，Massachusetts：MIT Press，1965：3.

［7］JACKENDOFF R．Semantics and Cognition［M］．Cambridge，Massachusetts：MIT Press，1983.

［8］WIERBLCKA A．The Semantics of Grammar（Studies in Language Companion Series 18）［M］．Amsterdam：John Benjamins Publishing Company，1988：14.

［9］WIERBLCKA A．Ethno‐syntax and the Philosophy of Grammar［J］．Studies in Language，1979，3（3）：313-383.

［10］APRESJAN J D. Deiksis v leksike i grammatike i naivnaja model' mira［J］.Semiotika i informatika, 1986（28）: 5–33.

［11］LYONS J. Linguistic Semantics: An Introduction［M］. Cambridge: Cambridge University Press, 1995: 293–342.

［12］HALLIDAY M A K. Halliday's Introduction to Functional Grammar［M］. Revised by MATTHIESSEN C M I M. Fouth Edition. London and New York: Routledge, 2014: 82–258.

［13］MARTIN J R, WHITE P R R. The Language of Evaluation: Appraisal in English［M］.New York: Palgrave Macmillan, 2005: 1–91.

［14］WIEBE J, WILSON T, BRUCE R, et al. Learning Subjective Language［J］. Computational Linguistics, 2004, 30（3）: 277–308.

［15］QVIRK R, GREENBAUM S, LEECH G, et al. A Comprehensive Grammar of the English Language［M］. New York: Longman, 1985.

［16］周红照, 侯明午, 侯敏, 等. 基于语义分类的比较句识别与比较要素抽取研究［J］. 中文信息学报, 2014, 28（3）: 136–141.

［17］黄小江, 万小军, 杨建武, 等. 汉语比较句识别研究［J］.中文信息学报, 2008, 22（5）: 30–38.

［18］朱嫣岚, 闵锦, 周雅倩, 等. 基于HowNet的词汇语义倾向计算［J］. 中文信息学报, 2006, 20（1）: 14–20.

［19］徐琳宏, 林鸿飞, 杨志豪. 基于语义理解的文本倾向性识别机制［J］. 中文信息学报, 2007, 21（1）: 96–100.

［20］王晓东, 刘倩, 张征. 情感词汇Ontology驱动的话题倾向性计算［J］. 计算机工程与应用, 2011, 47（27）: 147–151.

［21］梁芷铭, 周玫, 宁朝波. 基于情感本体的网络舆情观点挖掘模型构建［J］. 情报杂志, 2014, 33（5）: 143–147.

［22］张清亮，徐健．网络情感词自动识别方法研究［J］．现代图书情报技术，2011（10）：24-28．

［23］陈鑫，王素格，廖健．基于词语相关度的微博新情感词自动识别［J］．计算机应用，2016，36（2）：424-427．

［24］陈建美．中文情感词汇本体的构建及其应用［D］．大连：大连理工大学，2009．

［25］孙晓，孙重远，任福继．基于深层结构模型的新词发现与情感倾向判定［J］．计算机科学，2015，42（9）：208-212．

［26］付丽娜，肖和，姬东鸿．基于OC-SVM的新情感词识别［J］．计算机应用研究，2015，32（7）：1946-1948．

［27］王昌厚，王菲．使用基于模式的Bootstrapping方法抽取情感词［J］．计算机工程与应用，2014，50（1）：127-129．

［28］朱波，侯敏．基于边界特征的情感新词提取方法［J］．重庆邮电大学学报（自然科学版），2014，26（6）：796-802．

［29］侯敏，滕永林，陈毓麒．评价短语的倾向性分析研究［J］．中文信息学报，2013，27（6）：103-109．

［30］赵虹杰．中文情感词汇本体的扩充及应用［D］．大连：大连理工大学，2015．

［31］宋艳雪，张绍武，林鸿飞．基于语境歧义词的句子情感倾向性分析［J］．中文信息学报，2012，26（3）：38-43．

［32］张志飞，苗夺谦，岳晓冬，等．强语义模糊性词语的情感分析［J］．中文信息学报，2015，29（2）：68-78．

［33］邸鹏，李爱萍，段利国．基于转折句式的文本情感倾向性分析［J］．计算机工程与设计，2014，35（12）：4289-4295．

［34］张光磊，童毅轩．基于情感信息提取和规则过滤的微博情感分

析［C］// 第七届中文倾向性分析评测会议（COAE2015）论文集，2015：
62-69.

［35］杨源，林鸿飞. 基于产品属性的条件句倾向性分析［J］. 中文信息学报，2011，25（3）：86-92.

［36］唐都钰，石秋慧，王沛，等. HITIRSYS：COAE2012情感分析系统［C］// 第四届中文倾向性分析评测会议（COAE2012）论文集，2012：43-51.

［37］丁晟春，李红梅. 基于SVM的中文微博观点倾向性识别［C］// 第七届中文倾向性分析评测会议（COAE2015）论文集，2015：200-207.

［38］童毅轩，张光磊. 基于集成学习的中文微博情感分类研究［C］// 第七届中文倾向性分析评测会议（COAE2015）论文集，2015：55-61.

［39］刘鸿宇，赵妍妍，秦兵，等. 评价对象抽取及其倾向性分析［J］. 中文信息学报，2010，24（1）：84-88.

［40］宋晓雷，王素格，李红霞. 面向特定领域的产品评价对象自动识别研究［J］. 中文信息学学报，2010，24（1）：89-93.

［41］王卫平，孟翠翠. 基于句法分析与依存分析的评价对象抽取［J］. 计算机系统应用，2011，20（8）：52-57.

［42］徐叶强，朱艳辉，王文华，等. 中文产品评论中评价对象的识别研究［J］. 计算机工程，2012，38（20）：140-143.

［43］ZHANG SHU, JIA WENJIE, XIA YINGJU, et al. Opinion Analysis of Product Reviews［C］//Proceedings of the 6th International Conference on Fuzzy Systems and Knowledge Discovery. IEEE, 2009：591-595.

［44］丁晟春，李霄. 基于CRFs和领域本体的中文微博评价对象抽取研究［C］// 第六届中文倾向性分析评测会议（COAE2014）论文集，2014：131-136.

［45］徐冰，赵铁军，王山雨，等．基于浅层句法特征的评价对象抽取研究［J］．自动化学报，2011，37（10）：1241-1247.

［46］郑敏洁，雷志城，廖祥文，等．中文句子评价对象抽取的特征分析研究［J］．福州大学学报（自然科学版），2012，40（5）：584-590.

［47］姜姗姗，张佳师．中文评论细粒度情感分析［C］//第七届中文倾向性分析评测会议（COAE2015）论文集，2015：70-78.

［48］侯敏，滕永林，李雪燕，等．话题型微博语言特点及其情感分析策略研究［J］．语言文字应用，2013（2）：135-143.

［49］侯明午，周红照，程南昌，等．汉语否定比较句句型研究及在工程中的应用［C］//第五届中文倾向性分析评测会议（COAE2013）论文集，2013：93-101.

［50］张瑛，梁琳琳，侯敏，等．话题型微博中的人称代词特征及消解策略［J］．海南大学学报（人文社会科学版），2014，32（2）：119-126.

［51］冯志伟．关于术语ontology的中文译名——"本体论"与"知识本体"［C］//第六届汉语词汇语义学研讨会论文集，2005：63-65.

［52］STUDER R，BENJAMINS V R，FENSEl D．Knowledge Engineering：Principles and Methods［J］．Data & Knowledge Engineering，1998（25）：161-197.

［53］黄映辉，李冠宇．Ontology的实质是"本体论模型"［J］.计算机工程与应用，2007，43（23）：12-14.

［54］顾金睿，王芳．关于本体论的研究综述［J］．情报科学，2007，25（6）：949-956.

［55］ZHOU HONGZHAO，TENG YONGLIN，HOU MIN，et al．Rule‐Based Weibo Messages Sentiment Polarity Classification towards Given Topics［C］//Proceedings of the Eighth SIGHAN Workshop on Chinese Language Processing（SIGHAN-8）．Beijing：ACL‐IJCNLP，2015：149-157.

［56］利奇. 语义学［M］. 李瑞华，王彤福，杨自俭，等译. 上海：上海外语教育出版社，1987：17-18.

［57］周红照，刘艳春. 话语模网络体的篇章特征考察——兼论网络体的家族相似性［J］. 语言教学与研究，2013（6）：97-103.

［58］王寅. 构式语法研究（上卷）：理论思索［M］. 上海：上海外语教育出版社，2011：181-214.

［59］胡壮麟，朱永生，张德禄，等. 系统功能语言学概论（修订版）［M］. 北京：北京大学出版社，2008：74-195.

［60］周红照，侯敏，滕永林. 评价知识本体研究与规则实现［J］. 现代图书情报技术，2016（10）.

［61］黄伯荣，廖序东. 现代汉语（增订四版）下册［M］. 北京：高等教育出版社，2007：50.

致　谢

　　感谢我的导师中国传媒大学国家语言资源监测与研究有声媒体中心侯敏教授对书稿的指导，感谢中国传媒大学国家语言资源监测与研究有声媒体中心滕永林副教授提供的程序设计支持，感谢中国社会科学院语言研究所傅爱平研究员，北京语言大学应用语言学研究所杨尔弘教授，暨南大学华文学院郭熙教授，中国科学院自动化研究所宗成庆、赵军研究员，中国传媒大学文学院何伟、邹煜、程南昌副教授，四川大学出版社余芳编辑对本书提出的宝贵意见。